Matthias Peglau

Ermittlung der Übertragungsfunktion von induktiven Spannungswandlern

Matthias Peglau

Ermittlung der Übertragungsfunktion von induktiven Spannungswandlern

Prüfen mit Schalt- und Blitzstoßspannungen

AV Akademikerverlag

Impressum / Imprint

Bibliografische Information der Deutschen Nationalbibliothek: Die Deutsche Nationalbibliothek verzeichnet diese Publikation in der Deutschen Nationalbibliografie; detaillierte bibliografische Daten sind im Internet über http://dnb.d-nb.de abrufbar.
Alle in diesem Buch genannten Marken und Produktnamen unterliegen warenzeichen-, marken- oder patentrechtlichem Schutz bzw. sind Warenzeichen oder eingetragene Warenzeichen der jeweiligen Inhaber. Die Wiedergabe von Marken, Produktnamen, Gebrauchsnamen, Handelsnamen, Warenbezeichnungen u.s.w. in diesem Werk berechtigt auch ohne besondere Kennzeichnung nicht zu der Annahme, dass solche Namen im Sinne der Warenzeichen- und Markenschutzgesetzgebung als frei zu betrachten wären und daher von jedermann benutzt werden dürften.

Bibliographic information published by the Deutsche Nationalbibliothek: The Deutsche Nationalbibliothek lists this publication in the Deutsche Nationalbibliografie; detailed bibliographic data are available in the Internet at http://dnb.d-nb.de.
Any brand names and product names mentioned in this book are subject to trademark, brand or patent protection and are trademarks or registered trademarks of their respective holders. The use of brand names, product names, common names, trade names, product descriptions etc. even without a particular marking in this work is in no way to be construed to mean that such names may be regarded as unrestricted in respect of trademark and brand protection legislation and could thus be used by anyone.

Coverbild / Cover image: www.ingimage.com

Verlag / Publisher:
AV Akademikerverlag
ist ein Imprint der / is a trademark of
OmniScriptum GmbH & Co. KG
Heinrich-Böcking-Str. 6-8, 66121 Saarbrücken, Deutschland / Germany
Email: info@akademikerverlag.de

Herstellung: siehe letzte Seite /
Printed at: see last page
ISBN: 978-3-639-78912-6

Inhaltsverzeichnis

1   Zielstellung 5

2   Das 50-Hz-Modell eines induktiven Spannungswandlers 6

2.0   Zählpfeilsysteme 6

2.1   Begriffe und Bestimmungen für induktive Spannungswandler 8

2.2   Ersatzschaltbild eines induktiven Spannungswandlers 11

    2.2.1   Bezug der Sekundärgrößen auf die Primärseite 11

    2.2.2   Bezug der Primärgrößen auf die Sekundärseite 13

2.3   Zeigerbild - Größenzusammenhänge 14

2.4   Der Spannungswandler im Leerlauf 16

2.5   Der Spannungswandler im Kurzschluss 18

2.6   Belastungsfälle mit Berücksichtigung des Leerlaufstroms 20

    2.6.1   Zeigerbild des primärseitig bezogenen Belastungsversuches 21

    2.6.2   Zeigerbild des sekundärseitig bezogenen Belastungsversuches 23

2.7   Leistungsaufnahme der Bürde 25

2.8   Erweitertes ESB eines induktiven Spannungswandlers 25

3   Vierpoltheorie 27

3.1   Zielstellung und Anforderungen 27

3.2   Vierpolgleichungen 27

    3.2.1   Leitwertform 28

    3.2.2   Widerstandsform 29

    3.2.3   Kettenform 30

    3.2.4   Hybridform 30

3.3   Bestimmung der Vierpolparameter 31

    3.3.1   Bestimmung der Leitwertparameter 33

    3.3.2   Bestimmung der Widerstandsparameter 33

    3.3.3   Bestimmung der Kettenparameter 34

    3.3.4   Bestimmung der Hybridparameter 34

3.3.5   Umrechnungsübersicht der Vierpolparameter 35

3.3.6   Determinanten der Vierpolmatrizen 36

3.4   Übertragungsverhalten eines Vierpols 37

3.4.1   Leerlauf- und Kurzschlussimpedanz 37

3.4.2   Übertragungsfunktion der Spannung 38

3.4.3   Übertragungsfunktion des Stromes 38

3.4.4   Übertragungsfunktion der Leistung 39

3.5   Der induktive Wandler als Vierpol 39

3.5.1   Bestimmung der Widerstandsparameter (Impedanzen) 40

3.5.2   Bestimmung der Kettenparameter 40

3.5.3   Übertragungsfunktion der Spannung eines Wandlers 42

3.5.4   Übertragungsfunktion des Stromes eines Wandlers 42

4   Das Spektrum aperiodischer Zeitfunktionen 43

4.1   Kontinuierliches Spektrum 43

4.1.1   Verlauf der Schaltstoßspannung 50/1000 48

4.1.2   Amplitudenspektrum der Schaltstoßspannung 50/1000 50

4.1.3   Phasenspektrum der Schaltstoßspannung 50/1000 51

4.2   Diskretes Spektrum 53

4.2.1   Verlauf der diskreten Schaltstoßspannung 50/1000 54

4.2.2   Diskretes Amplitudenspektrum der Schaltstoßspannung 50/1000 55

4.2.3   Diskretes Phasenspektrum der Schaltstoßspannung 50/1000 56

4.2.4   Abschließende Bemerkung 56

5   Versuchsaufbau und Durchführung **57**

5.0   Vorbemerkungen 57

5.1   Oberspannungsseitige Speisung mit Sinusspannung 60

5.2   Unterspannungsseitige Speisung mit Sinusspannung 63

5.3   Stoßversuch 66

5.4   Auswertungshinweise 68

6   Zusammenfassung **69**

Inhaltsverzeichnis

I	**Abkürzungsverzeichnis**	**70**
II	**Abbildungsverzeichnis**	**71**
III	**Tabellenverzeichnis**	**73**
IV	**Normen und Bestimmungen**	**74**
V	**Anhang**	**76**
Literaturverzeichnis		**80**

Inhaltsverzeichnis

1   Zielstellung

Es soll das Konzept eines Laborversuchsplatzes zur komplexen Frequenz-gangermittlung von induktiven Spannungswandlern aufgezeigt werden. Basierend auf der Vierpoltheorie sollen für periodische Anregungssignale geeignete Beschreibungsansätze des Übertragungsverhaltens der Wandler bereitgestellt werden. Das Übertragungsverhalten eines Wandlers ist für die Beurteilung der Tiefpasswirkung hinsichtlich höherfrequenter Netzvorgänge wesentlich. Die Tiefpasswirkung bestimmt, welche Oberschwingungsanteile übertragen werden können, ohne die noch festzusetzenden Grenzen des Amplitudenfehlers und des Phasenfehlers zu verletzen. Es soll ein Programm zur messtechnischen Versuchsdurchführung herausgearbeitet werden. Als Anregungssignale sollen sinusförmige Größen oder Stöße (Doppel-e-Funktion) für die Untersuchung des Übertragungsverhaltens zu Grunde gelegt werden. Es sind geeignete Lösungsansätze für die Gegenüberstellung beider Anregungs-Signale aufzuzeigen. Wobei mit Anregung die oberspannungsseitige oder die unterspannungsseitige Speisung gemeint ist. Aus den Versuchen soll dann die Übertragungsfunktion für periodische und pulsförmige Anregungen ermittelt werden. Das Ziel ist dabei, die Grundlage zur Berechnung einer entsprechenden Korrekturfunktion zu schaffen.

Verwendete Software:
- Maple 10 (Maple Soft)
- Maple 18 (Maple Soft) für die Nachbearbeitung von Kapitel 4.1
- LabView 8.0 (National Instruments)
- LabView 2012 (National Instruments) für die Nachbearbeitung von Kapitel 4.2

2   Das 50-Hz-Modell eines induktiven Spannungswandlers

In diesem Kapitel werden Ersatzschaltbilder des 50-Hz-Modells eines Spannungswandlers zur Betrachtung von Belastungsfällen dargestellt. Die daraus abgeleiteten Zeigerbilder dienen der Verdeutlichung der Spannungen und Ströme, insbesondere bei einem variablen Bürdenleistungsfaktor. Mit Rücksicht auf den vorgesehenen Betriebsbereich werden dabei nur Bürdenleistungsfaktoren im Bereich $\cos(\beta) = 0{,}5 .. 1$ berücksichtigt.

2.0   Zählpfeilsysteme

Entsprechend den Empfehlungen nach DIN EN 60375 (Ersatz für DIN 5489) ist die Bezugsvereinbarung für zusammengehörige Spannungen und Ströme in Bild 2.1 dargestellt. Siehe auch DIN 40148: Übertragungssysteme und Zweitore. Die Bezugsrichtungen wurden auf komplexe Größen erweitert.

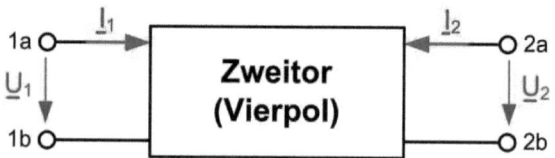

a) Vierpol mit symmetrischem Pfeilsystem

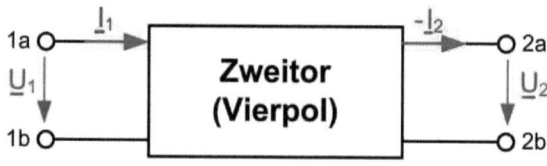

b) Vierpol mit Kettenpfeilsystem

Bild 2.1:   Zählpfeilsysteme

Wo es auf eine gleichartige Betrachtungsweise von Eingang und Ausgang des Vierpols ankommt, ist die Anwendung des symmetrischen Pfeilsystems zweckmäßig. Bei der Kettenschaltung von Vierpolen ist das Kettenpfeilsystem vorzuziehen, da so der Ausgangsstrom des ersten Vierpols zugleich der Eingangsstrom des zweiten nachgeschalteten Vierpols ist.

Bei der Bezeichnung der Eingangs- und Ausgangsseite wurde aus didaktischen Gründen von der Empfehlung nach DIN EN 60375 abgewichen. Nach DIN EN 60375 erhalten die Eingangsklemmen eines Zweitors die Anschlussbezeichnungen **a** und **b** (hier 1a und 1b). Die Ausgangsklemmen erhalten die Bezeichnung **c** und **d** (hier 2a und 2b).

Unter Berücksichtigung der Energieflussrichtung wird für dir folgenden Ersatzschaltbilder entgegen der DIN EN 60375 folgende Bezugsrichtung festgelegt (Bild 2.2). Messtechnisch ist die folgende Bezugsrichtung für Spannungswandler sinnvoller.

Bild 2.2:   Zählpfeilsystem unter Berücksichtigung der Energieflussrichtung

2.1   Begriffe und Bestimmungen für induktive Spannungswandler

Nachfolgend einige wichtige Begriffe und Bestimmungen für induktive Spannungswandler, die relevant sind. Folgende Definitionen sind aus [12], S. 248ff. entnommen.

Nennübersetzung K_n:

Die Nennübersetzung eines Spannungswandlers ist das Verhältnis der primären zur sekundären Nennspannung. Sie wird als ungekürzter Bruch angegeben, z.B. 10 000/100 V.

Spannungsfehler F_u:

Der Spannungsfehler F_u ist bei gegebener primärer Klemmenspannung U_1 die prozentuale Abweichung der mit der Nennübersetzung K_n multiplizierten sekundären Klemmenspannung U_2 von der primären Spannung.

$$F_u = 100 \cdot \frac{U_2 \cdot K_n - U_1}{U_1} \qquad (2.1)$$

F_u Spannungsfehler in %

U_2 sekundäre Klemmenspannung (Effektivwert) in V

U_1 primäre Klemmenspannung (Effektivwert) in V

K_n Nennübersetzung

Fehlwinkel δ_u:

Der Fehlwinkel δ_u ist die Phasenverschiebung zwischen U_2 und U_1 in Winkelminuten. Der Fehlwinkel wird positiv gerechnet, wenn die sekundäre Größe der primären vor eilt.

Fehlergrenzwerte:

Entsprechend ihrer Genauigkeit sind die Spannungswandler in Klassen eingeteilt, die durch Klassenzeichen gekennzeichnet sind und die angegebenen Fehlergrenzen einhalten müssen (Tabelle 2.1).

Klasse	Primäre Spannung	Spannungsfehler $\pm F_u$ %	Fehlwinkel $\pm \delta_u$ Minuten
0,1		0,1	5
0,2	0,8 U_n; 1,0 U_n; 1,2 U_n	0,2	10
0,5		0,5	20
1		1	40
0,1		1,0	40
0,2	0,05 U_n	1,0	40
0,5		1,0	40
1		2,0	80
0,1		2,0	80
0,2	Nennspannungsfaktor[1] · U_n	2,0	80
0,5		2,0	80
1		3,0	120

Tabelle 2.1:   Fehlergrenzwerte der Spannungswandler für Messzwecke

Die Fehlergrenzwerte der Spannungswandler müssen bei Nennfrequenz und bei Bürden zwischen einem Viertel und der vollen Nennbürde und dem Bürdenleistungsfaktor $cos(\beta) = 0{,}8_{ind}$ eingehalten werden.

Bezeichnung der Anschlussklemmen:

Die Bezeichnung der Anschlussklemmen von einpolig und zweipolig isolierten Spannungswandlern erfolgt nach den Angaben in Tabelle 2.2.

Bei Spannungswandlern mit mehreren selbstständigen Sekundärwicklungen, die also nicht zu Reihen- oder Parallelschaltungen vorgesehen sind, wird die Bezeichnung sinngemäß wie bei Stromwandlern mit mehreren Kernen durchgeführt.

Hilfswicklungen für den Erdschlussschutz erhalten dagegen die Bezeichnungen e und n. Bei einpolig isolierten Spannungswandlern muss die Klemme X gegen Erde geschaltet werden.

Wandler-Ausführung	Bezeichnungen der Anschlußklemmen nach DIN VDE	nach IEC	Beispiel für Nennspannungsangabe
Zweipolig isoliert 1 Primärwicklung 1 Sekundärwicklung	U V u v	A B a b	$V \dfrac{15\,000}{100}$
Zweipolig isoliert 1 Primärwicklung 1 Sekundärwicklung mit Anzapfung	U V u1 u2 v	A B a1 a2 b	$V \dfrac{5000-10\,000}{100}$ (bei u1 bzw. a1 größte Nennspannung)
Einpolig isoliert 1 Primärwicklung 2 getrennte Meßwicklungen	U X 1u 1x 2u 2x	A N 1a 1n 2a 2n	$V \dfrac{10\,000/\sqrt{3}}{100/\sqrt{3}\ 100/\sqrt{3}}$
Einpolig isoliert 1 Primärwicklung 1 Meßwicklung 1 Hilfswicklung zur Erdschlußerfassung	U X 1u 1x e n	A N 1a 1n da dn	$V \dfrac{10\,000/\sqrt{3}}{100/\sqrt{3}\ 100/3}$

Tabelle 2.2:   Klemmenbezeichnungen für Spannungswandler nach DIN VDE

2.2   Ersatzschaltbild eines induktiven Spannungswandlers

2.2.1   Bezug der Sekundärgrößen auf die Primärseite

Ein induktiver Messwandler ist ein Transformator mit kleiner Übertragungsleistung. Spannungswandler werden sekundärseitig nahezu im Leerlauf betrieben. Bild 2.3 zeigt das Ersatzschaltbild eines Spannungswandlers mit oberspannungsseitiger Speisung.

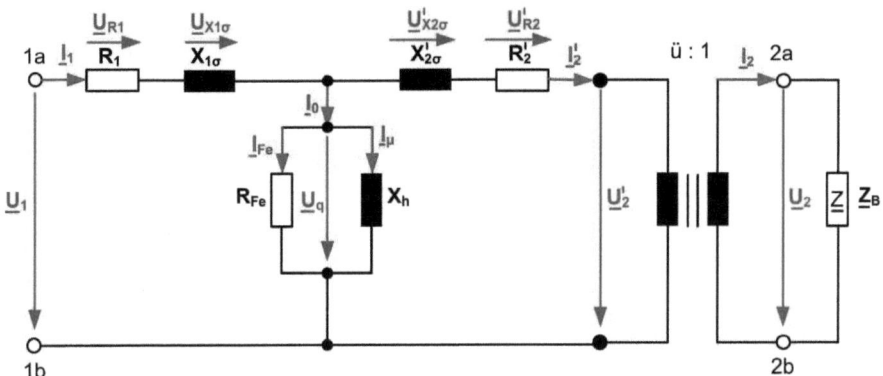

Bild 2.3:   Ersatzschaltbild eines Wandlers (oberspannungsbezogen)[1]

R_1	ohmscher Widerstand der Primärwicklung in Ω
$R_2' = R_2 \cdot \ddot{u}^2$	bezogener ohmscher Widerstand der Sekundärwicklung in Ω
$\ddot{u}$	Verhältnis der Windungszahlen N_1/N_2 (nicht K_n)
R_{Fe}	Ersatzwiderstand für die Eisenverluste in Ω
X_h	Hauptreaktanz in Ω
$X_{1\sigma}$	Streureaktanz der Primärseite in Ω
$X_{2\sigma}' = X_{2\sigma} \cdot \ddot{u}^2$	bezogene Streureaktanz der Sekundärseite in Ω
$I_2' = I_2 \cdot 1/\ddot{u}$	bezogener Sekundärstrom in A
$U_2' = U_2 \cdot \ddot{u}$	bezogene Sekundärspannung in V

---

[1]   in Anlehnung an [11], S. 162

Ein wesentliches Merkmal stellt dabei die galvanische Trennung zwischen Primärseite und Sekundärseite dar. Dies wird im Ersatzschaltbild durch einen idealen Übertrager ausgedrückt. Zwischen der Primärseite und der Sekundärseite eines Wandlers existiert keine elektrische Verbindung. Der Energieaustausch zwischen Primärseite und Sekundärseite erfolgt über den magnetischen Kreis des hier idealen Übertragers. Es ist auch möglich, die Primärgrößen auf die Sekundärseite zu beziehen.

Nur mit der bezogenen Darstellung können Zeigerbilder verschiedener Belastungsfälle (Leistungsaufnahme der jeweiligen Bürde) gezeichnet werden. Die Primärgrößen können somit in einem Diagramm gemeinsam mit den Sekundärgrößen dargestellt werden. Das ist bei unbezogenen Größen nur bei Wandlern mit äußerst kleiner Übersetzung möglich (Bsp. 230/100 V).

Hinweis:

Streng genommen ist die Bürde eines Spannungswandlers nach DIN VDE 0414 als der Betrag der komplexen Lastadmittanz, also der Scheinleitwert definiert. Zur Bürde gehört auch der zugehörige Bürdenleistungsfaktor $\cos(\beta)$.

2.2.2 Bezug der Primärgrößen auf die Sekundärseite

Bild 2.4 zeigt das Ersatzschaltbild mit der unterspannungsbezogenen Darstellung.

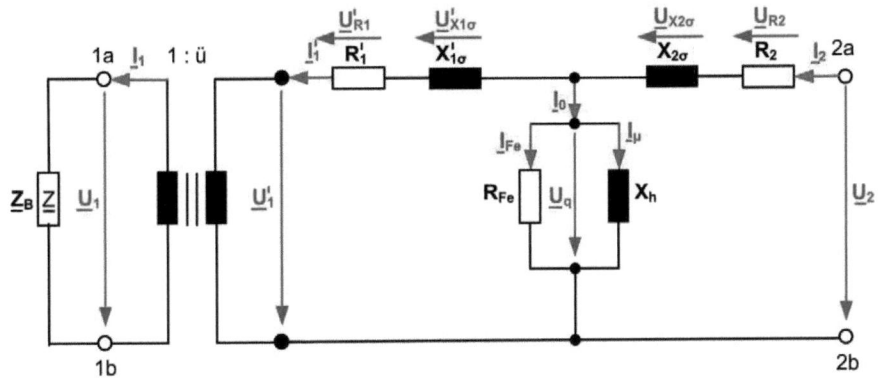

Bild 2.4:   Ersatzschaltbild eines Wandlers (unterspannungsbezogen)

Diese Darstellung bietet sich bei Betrieb in Rückwärtsrichtung an. Der Spannungswandler wird dabei auf der Unterspannungsseite gespeist.

ü	Verhältnis der Windungszahlen N_1/N_2 (nicht K_n)
$R_1' = R_1 \cdot 1/ü^2$	bezogener Widerstand der Primärwicklung in Ω
$X_{1\sigma}' = X_{1\sigma} \cdot 1/ü^2$	bezogene Streureaktanz der Primärseite in Ω
$\underline{I}_1' = \underline{I}_1 \cdot ü$	bezogener Primärstrom in A
$\underline{U}_1' = \underline{U}_1 \cdot 1/ü$	bezogene Primärspannung in V

Behält man die Definition der Übersetzung $ü = N_1/N_2$ eines Spannungswandlers bei, so müssen sich die Größen bei sekundärseitigem Bezug entsprechend umgekehrt gegenüber dem primärseitigem Bezug verhalten.

Das bedeutet beispielsweise, dass die Primärspannung entsprechend skaliert wird (gestrichene Größe), um diese in einem Zeigerbild gemeinsam mit der Sekundärspannung darstellen zu können.

13

2.3   Zeigerbild - Größenzusammenhänge

Das Zeigerbild in Bild 2.5 stellt die Zusammenhänge zwischen den jeweiligen Größen für eine ohmsch-induktive Bürde basierend auf Bild 2.3 dar. Als Bezugsachse (Ordinate) wurde die Primärspannung $\underline{U}_1$ gewählt. Die Primärspannung wird als starr angenommen. Die Konstruktion des Leerlauf- und Belastungsdreiecks (siehe 2.6) wird hier nicht durchgeführt. Bild 2.5 ist dafür nicht geeignet.

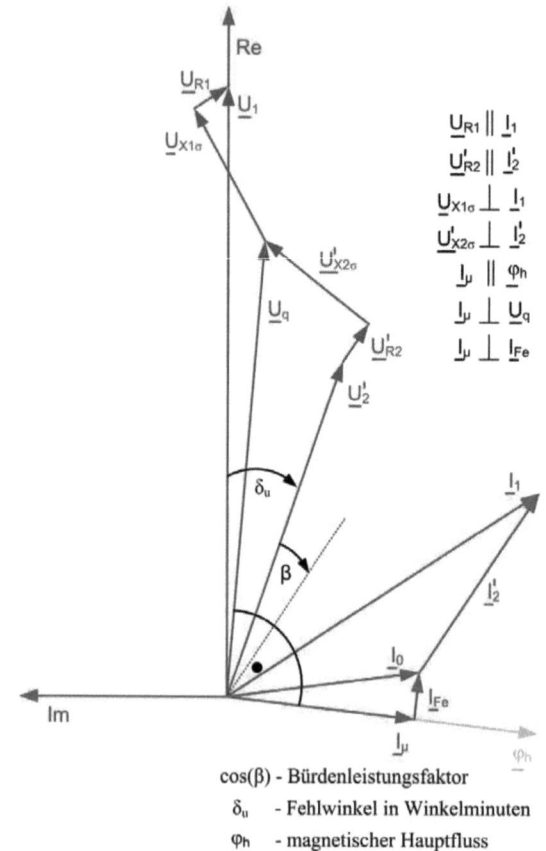

$\underline{U}_{R1} \parallel \underline{I}_1$	
$\underline{U}'_{R2} \parallel \underline{I}'_2$	
$\underline{U}_{X1\sigma} \perp \underline{I}_1$	
$\underline{U}'_{X2\sigma} \perp \underline{I}'_2$	
$\underline{I}_\mu \parallel \varphi_h$	
$\underline{I}_\mu \perp \underline{U}_q$	
$\underline{I}_\mu \perp \underline{I}_{Fe}$	

cos(β) - Bürdenleistungsfaktor
δ_u - Fehlwinkel in Winkelminuten
$\underline{\varphi}_h$ - magnetischer Hauptfluss

Bild 2.5:   Zeigerbild eines Spannungswandlers - Größenzusammenhänge

$$\underline{U}'_{R2} = R'_2 \cdot \underline{I}'_2 \qquad\qquad \underline{U}_{R1} = R_1 \cdot \underline{I}_1$$

$$\underline{U}'_{X2\sigma} = j \cdot X'_{2\sigma} \cdot \underline{I}'_2 \qquad\qquad \underline{U}_{X1\sigma} = j \cdot X_{1\sigma} \cdot \underline{I}_1$$

14

Ein Spannungsmesswandler soll die Primärspannung möglichst phasentreu ($\delta_u \rightarrow 0$) auf die Sekundärseite übersetzen. Der auftretende Fehlwinkel zwischen der Primär- und der Sekundärspannung ist δ_u. Der Fehlwinkel wird positiv gerechnet, wenn die sekundäre Größe der primären vor eilt. Für einen Messwandler der Klasse 0,1 beträgt der Phasenfehler im normalen Arbeitsbereich ($U_1 = 0{,}8 .. 1{,}2 \cdot U_N$) maximal ± 5 Winkelminuten. Damit liegen die Zeiger von Primärspannung und Sekundärspannung fast ineinander. Da ein Spannungswandler nahezu im Leerlauf betrieben wird, sind die Spannungsabfälle über den beiden Streuimpedanzen $R_1 + j \cdot X_{1\sigma}$ und $R_2' + j \cdot X_{2\sigma}'$ sehr klein. Die Spannungszeiger dieser Spannungsabfälle haben sehr kleine Beträge. Der hier stark übertrieben dargestellte Leerlaufstrom $\underline{I}_0$ ist bei einem realen Wandler auch äußerst klein. Es stimmt jedoch die Relation zwischen $\underline{I}_{Fe}$ und $\underline{I}_\mu$. Der Leerlaufstrom $\underline{I}_0$ ist in etwa der Magnetisierungsstrom $\underline{I}_\mu$. Dieser ist in Phase mit dem magnetischen Hauptfluss $\underline{\varphi}_h$. Bei einem realen Spannungswandler liegen die Zeiger von $\underline{U}_1$ und $\underline{U}_2'$ fast parallel und haben fast die gleiche Länge.

Bei realen Spannungswandlern wird ein Phasen- und Amplitudenfehler von null angestrebt. Jedoch ist ein auftretender Phasen- und Amplitudenfehler im Betrieb konstruktionsbedingt nicht ganz zu vermeiden.

Kappsches Dreieck / Belastungsdreieck:

Da in der Literatur teilweise keine eindeutige Definition hierzu getroffen wird, ist es zweckmäßig, nur noch vom Belastungsdreieck zu sprechen.

Die beiden Klemmenspannungen $\underline{U}_1$ und $\underline{U}_2' + \underline{U}_{0B}$ unterscheiden sich durch ein Spannungsdreieck (Belastungsdreieck). Es hat für einen betragskonstanten Sekundärstrom eine konstante Größe und rotiert lediglich – je nach Bürdenleistungsfaktor – um den Punkt B (siehe Bild 2.10 und 2.11). Der Radius $|\underline{U}_{BD}|$ der dabei beschriebenen Kurve ist dem Betrag des Sekundärstroms proportional. Beim Belastungsdreieck sind die Katheten die Spannungen $\underline{U}_{Rk} = \underline{I}_2' \cdot R_K$ und $\underline{U}_{Xk} = j \cdot \underline{I}_2' \cdot X_K$.

2.4   Der Spannungswandler im Leerlauf

Für einen leerlaufenden Spannungswandler gilt die Ersatzschaltung in Bild 2.6. Auf die Darstellung der galvanischen Trennung wird verzichtet. Als Ordinate für Bild 2.7 wurde die Primärspannung $\underline{U}_1$ gewählt.

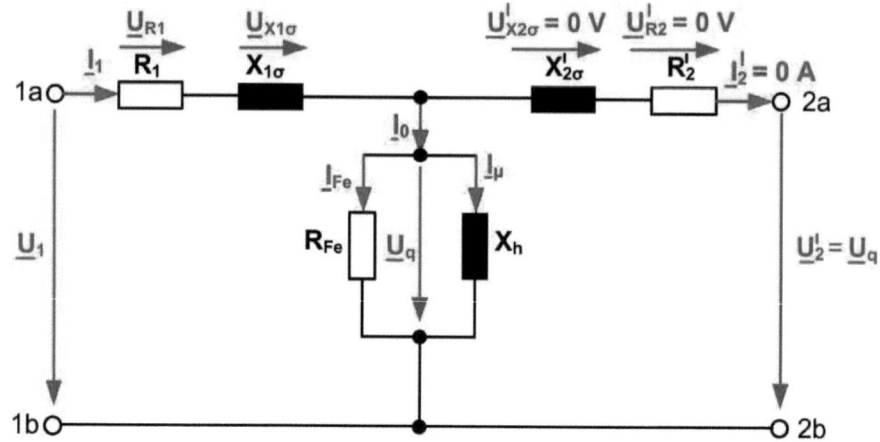

Bild 2.6:   Spannungswandler im Leerlauf (ESB)

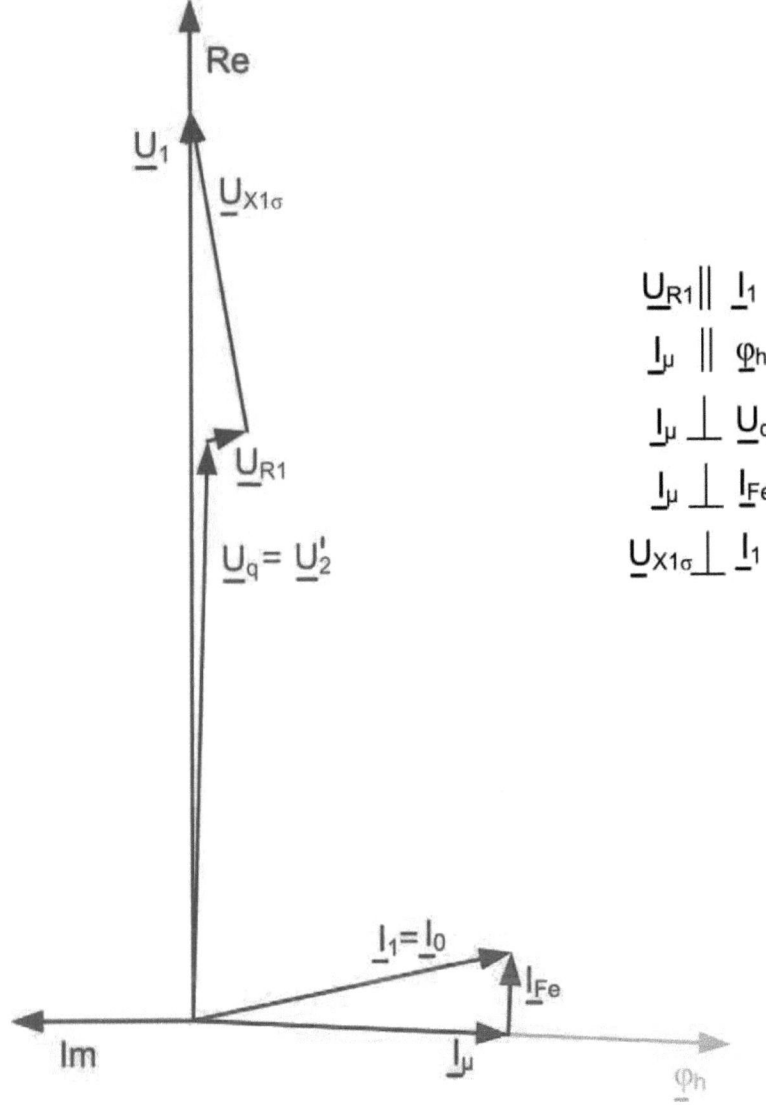

Bild 2.7:   Spannungswandler im Leerlauf (Zeigerbild)

2.5   Der Spannungswandler im Kurzschluss

Hierbei wird der Spannungswandler sekundärseitig kurzgeschlossen. Die Primärspannung wird von 0 V beginnend solange erhöht, bis sekundärseitig der Nennstrom fließt. Bezüglich des Ersatzschaltbildes in Bild 2.8 werden Vereinfachungen vorgenommen. Die Darstellung der galvanischen Trennung entfällt.

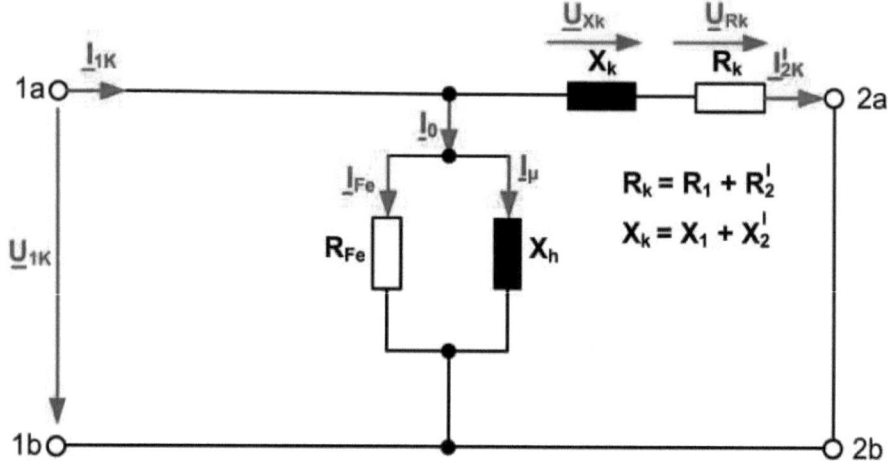

Bild 2.8:   Spannungswandler im Kurzschluss (ESB)

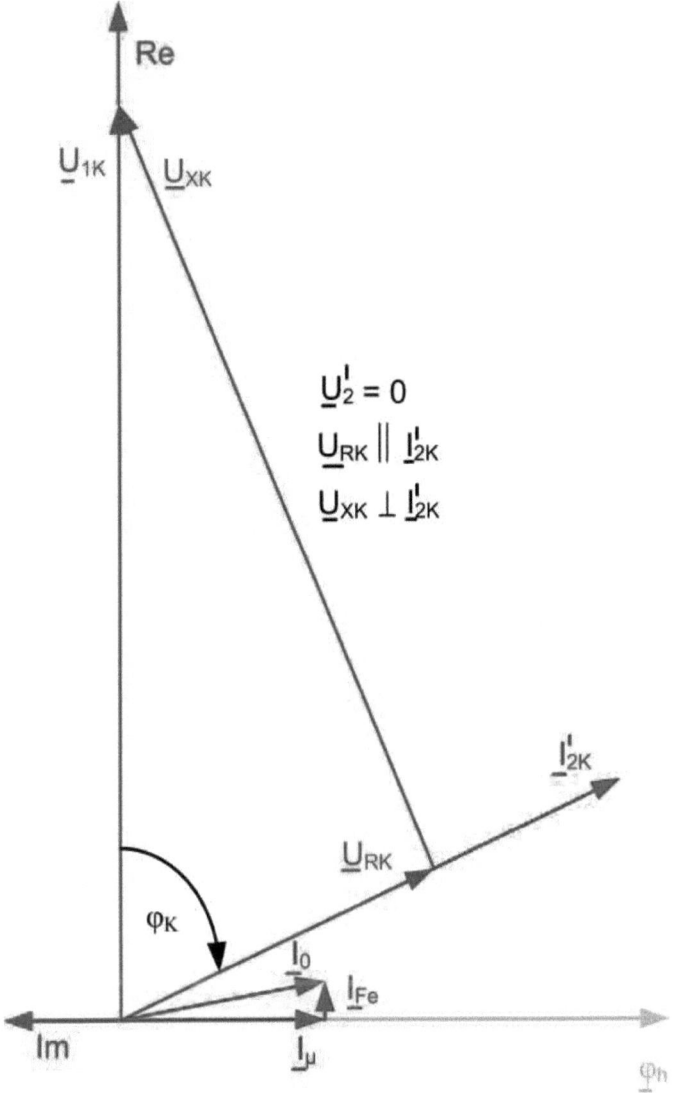

Bild 2.9:   Spannungswandler im Kurzschluss (Zeigerbild)

$$\underline{U}_{RK} = R_K \cdot \underline{I}_{2K} \qquad\qquad Z_K = \sqrt{R_K{}^2 + X_K{}^2}$$

$$\underline{U}_{XK} = j \cdot X_K \cdot \underline{I}_{2K} \qquad\qquad \underline{I}_{1K} = \underline{I}_{1N} + \underline{I}_0$$

$$\underline{Z}_K = R_K + j \cdot X_K \qquad\qquad \underline{I}_{2K} = \underline{I}_{2N}$$

19

2.6   Belastungsfälle mit Berücksichtigung des Leerlaufstroms

Um die nachfolgenden beiden Zeigerbilder korrekt interpretieren zu können, sind einige Vorbemerkungen nötig. Die nachfolgenden Zeigerbilder beziehen sich auf eine konstante Scheinleistungsaufnahme der Bürde. Der Betrag des Sekundärstroms ist konstant. Es wird lediglich der Bürdenleistungsfaktor verändert. In Bild 2.10 und 2.11 ist die Veränderung der Lage des Belastungsdreiecks BCD bei Änderung des Bürdenleistungsfaktors $\cos(\beta)$ von 0,5 nach 1 zu sehen. Die beiden Zeigerbilder beziehen sich auf das Ersatzschaltbild in Bild 2.3. Der Bürdenleistungsfaktor richtet sich nach der Art der komplexen Lastimpedanz (hier ohmsch-induktiv bzw. ohmsch).

Das Leerlaufdreieck 0AB ergibt sich aus den Spannungsabfällen über R_1 und $X_{1\sigma}$, die durch den Leerlaufstrom $\underline{I}_0$ resultieren. Entsprechend werden diese beiden Spannungen $\underline{U}_{0R1}$ und $\underline{U}_{0X1\sigma}$ genannt, um sie von den Spannungen $\underline{U}_{R1}$ und $\underline{U}_{X1\sigma}$ unterscheiden zu können. Der Leerlaufstrom $\underline{I}_0$ ist in Betrag und Phase vom Bürdenleistungsfaktor und vom Betrag der komplexen Lastimpedanz unabhängig. Somit ist das Leerlaufdreieck in Größe (Seitenlängen) und Richtung konstant. Der Betrag des Primärstroms ist hingegen vom Bürdenleistungsfaktor abhängig.

Da der Sekundärstrom betragskonstant gehalten wird, ergibt sich ein Belastungsdreieck mit konstanter Größe, jedoch mit einer vom Bürdenleistungsfaktor abhängigen Richtung.

Die Spannungen des Belastungsdreiecks sind jene, die durch den Sekundärstrom $\underline{I}_2'$ resultieren.

Folgende Größen wurden zu Beginn festgelegt: Die Bezugsspannung, der Phasenfehler δ_u, die Größe von Belastungs- und Leerlaufdreieck und alle Ströme. Einige Größen sind zur Verdeutlichung überproportional vergrößert dargestellt.

2.6.1 Zeigerbild des primärseitig bezogenen Belastungsversuchs

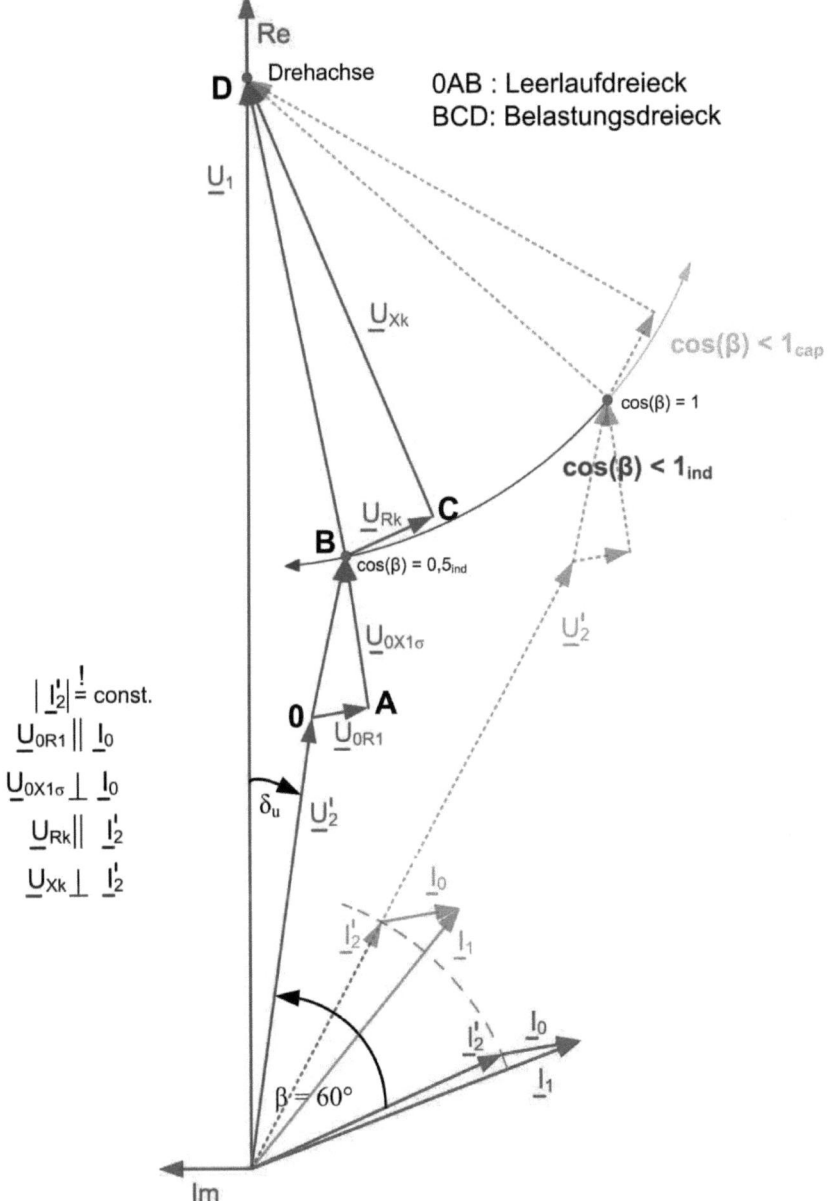

Bild 2.10: Zeigerbild des primärseitig bezogenen Belastungsversuchs

$\underline{U}_{0A} = \underline{U}_{0R1} = \underline{I}_0 \cdot R_1$

$\underline{U}_{AB} = \underline{U}_{0X1\sigma} = j \cdot \underline{I}_0 \cdot X_{1\sigma}$

$\underline{U}_{0B} = \underline{I}_0 \cdot \underline{Z}_{1\sigma}$

$\underline{U}_{BC} = \underline{U}_{Rk} = \underline{I}_2' \cdot (R_1 + R_2') = \underline{I}_2' \cdot R_K$

$\underline{U}_{CD} = \underline{U}_{Xk} = j \cdot \underline{I}_2' \cdot (X_{1\sigma} + X_{2\sigma}') = j \cdot \underline{I}_2' \cdot X_K$

$\underline{U}_{BD} = \underline{I}_2' \cdot (\underline{Z}_{1\sigma} + \underline{Z}_{2\sigma}')$

2.6.2 Zeigerbild des sekundärseitig bezogenen Belastungsversuchs

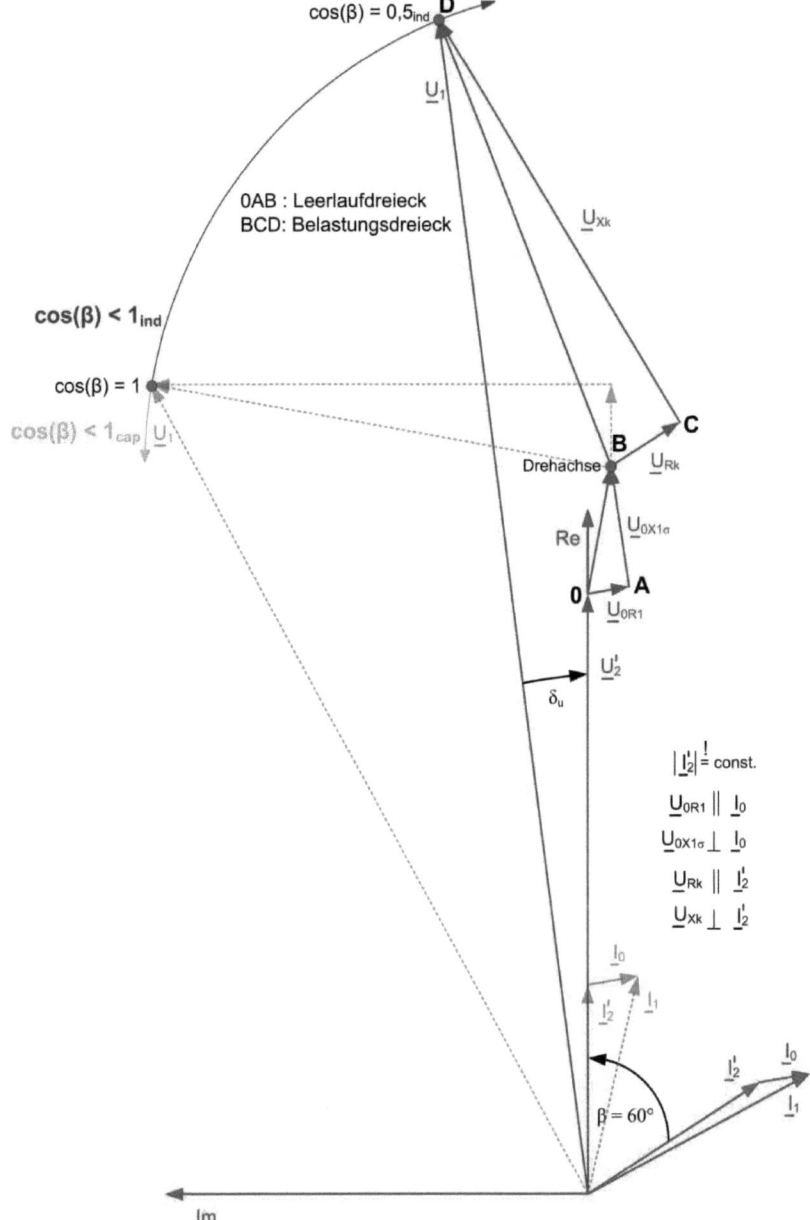

Bild 2.11:   Zeigerbild des sekundärseitig bezogenen Belastungsversuchs

$$\underline{U}_{0A} = \underline{U}_{0R1} = \underline{I}_0 \cdot R_1$$

$$\underline{U}_{AB} = \underline{U}_{0X1\sigma} = j \cdot \underline{I}_0 \cdot X_{1\sigma}$$

$$\underline{U}_{0B} = \underline{I}_0 \cdot \underline{Z}_{1\sigma}$$

$$\underline{U}_{BC} = \underline{U}_{Rk} = \underline{I}_2' \cdot (R_1 + R_2') = \underline{I}_2' \cdot R_K$$

$$\underline{U}_{CD} = \underline{U}_{Xk} = j \cdot \underline{I}_2' \cdot (X_{1\sigma} + X_{2\sigma}') = j \cdot \underline{I}_2' \cdot X_K$$

$$\underline{U}_{BD} = \underline{I}_2' \cdot (\underline{Z}_{1\sigma} + \underline{Z}_{2\sigma}')$$

2.7   Leistungsaufnahme der Bürde

Zur Bürde gehören auch die Messleitungen.

Spannungswandler: $S_B = Y_B \cdot (U_2)^2$ (2.2)

$$
\begin{aligned}
&S_B && \text{Scheinleistungsaufnahme der Bürde in VA} \\
&U_2 && \text{Sekundärspannung (Effektivwert) in V} \\
&Y_B && \text{Bürde (Betrag der komplexen Admittanz) in S}
\end{aligned}
$$

2.8   Erweitertes ESB eines induktiven Spannungswandlers

Berücksichtigt man die parasitären Komponenten eines Spannungswandlers, so ergibt sich das Ersatzschaltbild in Bild 2.12. Auf der Grundlage dieser Ersatzschaltung sollen Erkenntnisse über das Übertragungsverhalten, insbesondere bei aperiodischer Anregung, gewonnen werden.

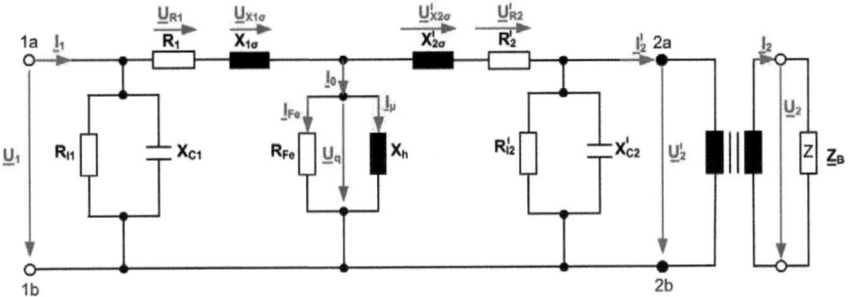

Bild 2.12:   Erweitertes Ersatzschaltbild eines Spannungswandlers

$$
\begin{aligned}
&R_{I1} && \text{Isolationswiderstand der Primärseite in } \Omega \\[4pt]
&X_{C1} = \frac{1}{2\pi f \cdot C_1} && \text{kapazitiver Blindwiderstand der Primärseite in } \Omega \\[4pt]
&R'_{I2} = \ddot{u}^2 \cdot R_{I2} && \text{Isolationswiderstand der Sekundärseite in } \Omega \\[4pt]
&X'_{C2} = \ddot{u}^2 \cdot \frac{1}{2\pi f \cdot C_2} && \text{kapazitiver Blindwiderstand der Sekundärseite in } \Omega
\end{aligned}
$$

Dabei stellt das Bild 2.12 ein Modell dar. Inwiefern eine Anpassung oder eine weitere Verfeinerung dieser Darstellung erforderlich wird, kann erst die Versuchsdurchführung zeigen. Insbesondere bei der Anregung des Spannungswandlers mit aperiodischen Stößen werden hier neue Erkenntnisse zur Vervollständigung des Ersatzschaltbildes eines realen Spannungswandlers erhofft.

Dazu ist in den Versuchen die Tiefpasswirkung der hier dargestellten RC-Glieder zu ermitteln.

3   Vierpoltheorie

3.1   Zielstellung und Anforderungen

Ziel dieses Kapitels ist es, eine geeignete Beschreibungsmöglichkeit des Übertragungsverhaltens von induktiven Spannungswandlern bereitzustellen. Es soll mit Hilfe der Vierpolparameter die Spannungsübertragungsfunktion aufgestellt werden.

Die Herleitung dieser Funktionen geschieht unter der Annahme idealisierter Rahmenbedingungen. Grundsätzlich können durch die Vierpoltheorie nur lineare Systeme beschrieben werden. Die Kennwerte von Bauelementen solcher Systeme (ohmscher Widerstand, Kapazität und Induktivität) werden als konstant festgelegt. Ströme und Spannungen sollen sinusförmig sein. Da für lineare Netze der Überlagerungssatz (Superpositionsprinzip) gilt, können die Gesetze der Vierpoltheorie bedingt auch auf periodische, nicht-sinusförmige Ströme und Spannungen ausgedehnt werden. Das ist durch die Fourieranalyse möglich.

3.2   Vierpolgleichungen

An einem Vierpol sind von außen vier Größen messbar, die Ströme $\underline{I}_1$ und $\underline{I}_2$ und die Spannungen $\underline{U}_1$ und $\underline{U}_2$. Zwischen diesen vier Größen lassen sich paarweise Gleichungen aufstellen. Dabei werden zwei Größen immer als Funktion der beiden anderen dargestellt. Vier Formen davon sind hierbei technisch wichtig. Nach der elektrischen Bedeutung der Koeffizienten dieser Gleichungen (Vierpolparameter), spricht man von der Leitwertform, Widerstandsform, Kettenform oder Hybridform der Vierpolgleichungen.

Die Darstellung der Vierpolgleichungen erfolgt zunächst nach den Empfehlungen in DIN EN 60375 (Zählrichtungen, Bild 3.1). Wo die Betrachtung der Energieflussrichtung gemeint ist, wird gesondert darauf hingewiesen.

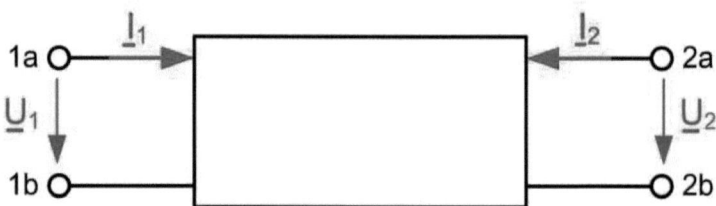

Bild 3.1:   Vierpol mit symmetrischem Pfeilsystem

3.2.1 Leitwertform

$$\underline{I}_1 = \underline{Y}_{11} \cdot \underline{U}_1 + \underline{Y}_{12} \cdot \underline{U}_2 \tag{3.1}$$

$$\underline{I}_2 = \underline{Y}_{21} \cdot \underline{U}_1 + \underline{Y}_{22} \cdot \underline{U}_2 \tag{3.2}$$

$$\begin{pmatrix} \underline{I}_1 \\ \underline{I}_2 \end{pmatrix} = \mathbf{Y} \cdot \begin{pmatrix} \underline{U}_1 \\ \underline{U}_2 \end{pmatrix} \tag{3.3}$$

$$\mathbf{Y} = \begin{pmatrix} \underline{Y}_{11} & \underline{Y}_{12} \\ \underline{Y}_{21} & \underline{Y}_{22} \end{pmatrix} \tag{3.4}$$

$[\underline{Y}_{11}] = S$ $\underline{Y}_{11}$ - Eingangs-Kurzschlussleitwert

$[\underline{Y}_{12}] = S$ $\underline{Y}_{12}$ - Rückwirkungsleitwert

$[\underline{Y}_{21}] = S$ $\underline{Y}_{21}$ - Steilheit

$[\underline{Y}_{22}] = S$ $\underline{Y}_{22}$ - Ausgangs-Kurzschlussleitwert

Stellt man die Ströme $\underline{I}_1$ und $\underline{I}_2$ als Funktionen der Spannungen $\underline{U}_1$ und $\underline{U}_2$ dar, so erhält man die Leitwertform der Vierpolgleichungen (3.1) und (3.2). Die komplexen Koeffizienten $\underline{Y}_{11}$, $\underline{Y}_{12}$, $\underline{Y}_{21}$ und $\underline{Y}_{22}$ haben die Dimension von Leitwerten und werden Leitwertparameter genannt.

Der normative Bezug wird insbesondere mit DIN 40148-2 (Übertragungssysteme und Zweitore; Symmetrieeigenschaften von linearen Zweitoren) hergestellt. Entgegen der DIN 40148 ist es zweckmäßig, komplexe Größen gesondert zu kennzeichnen.

3.2.2 Widerstandsform

$$\underline{U}_1 = \underline{Z}_{11} \cdot \underline{I}_1 + \underline{Z}_{12} \cdot \underline{I}_2 \tag{3.5}$$

$$\underline{U}_2 = \underline{Z}_{21} \cdot \underline{I}_1 + \underline{Z}_{22} \cdot \underline{I}_2 \tag{3.6}$$

$$\begin{pmatrix} \underline{U}_1 \\ \underline{U}_2 \end{pmatrix} = \mathbf{Z} \cdot \begin{pmatrix} \underline{I}_1 \\ \underline{I}_2 \end{pmatrix} \tag{3.7}$$

$$\mathbf{Z} = \begin{pmatrix} \underline{Z}_{11} & \underline{Z}_{12} \\ \underline{Z}_{21} & \underline{Z}_{22} \end{pmatrix} \tag{3.8}$$

$[\underline{Z}_{11}] = \Omega$	$\underline{Z}_{11}$ - Eingangs-Leerlaufwiderstand
$[\underline{Z}_{12}] = \Omega$	$\underline{Z}_{12}$ - Kernwiderstand rückwärts
$[\underline{Z}_{21}] = \Omega$	$\underline{Z}_{21}$ - Kernwiderstand vorwärts
$[\underline{Z}_{22}] = \Omega$	$\underline{Z}_{22}$ - Ausgangs-Leerlaufwiderstand

Stellt man die Spannungen $\underline{U}_1$ und $\underline{U}_2$ als Funktionen der Ströme $\underline{I}_1$ und $\underline{I}_2$ dar, so erhält man die Widerstandsform der Vierpolgleichungen (3.5) und (3.6). Die komplexen Koeffizienten $\underline{Z}_{11}$, $\underline{Z}_{12}$, $\underline{Z}_{21}$ und $\underline{Z}_{22}$ haben die Dimension von Widerständen und werden Widerstandsparameter genannt.

3.2.3 Kettenform

$$\underline{U}_1 = \underline{A}_{11} \cdot \underline{U}_2 + \underline{A}_{12} \cdot (-\underline{I}_2) \tag{3.9}$$

$$\underline{I}_1 = \underline{A}_{21} \cdot \underline{U}_2 + \underline{A}_{22} \cdot (-\underline{I}_2) \tag{3.10}$$

$$\begin{pmatrix} \underline{U}_1 \\ \underline{I}_1 \end{pmatrix} = A \cdot \begin{pmatrix} \underline{U}_2 \\ -\underline{I}_2 \end{pmatrix} \tag{3.11}$$

$$A = \begin{pmatrix} \underline{A}_{11} & \underline{A}_{12} \\ \underline{A}_{21} & \underline{A}_{22} \end{pmatrix} \tag{3.12}$$

$[\underline{A}_{11}] = 1$ $\underline{A}_{11}$ - reziproke Spannungsübersetzung

$[\underline{A}_{12}] = \Omega$ $\underline{A}_{12}$ - negative, reziproke Steilheit

$[\underline{A}_{21}] = S$ $\underline{A}_{21}$ - reziproker Kernwiderstand vorwärts

$[\underline{A}_{22}] = 1$ $\underline{A}_{22}$ - reziproke Kurzschlussstromübersetzung

Stellt man die Eingangsgrößen $\underline{U}_1$ und $\underline{I}_1$ als Funktionen der Ausgangsgrößen $\underline{U}_2$ und $-\underline{I}_2$ (Kettenpfeilsystem) dar, so erhält man die Kettenform der Vierpolgleichungen (3.9) und (3.10). Die komplexen Koeffizienten $\underline{A}_{11}$, $\underline{A}_{12}$, $\underline{A}_{21}$ und $\underline{A}_{22}$ werden Kettenparameter genannt.

3.2.4 Hybridform

$$\underline{U}_1 = \underline{h}_{11} \cdot \underline{I}_1 + \underline{h}_{12} \cdot \underline{U}_2 \tag{3.13}$$

$$\underline{I}_2 = \underline{h}_{21} \cdot \underline{I}_1 + \underline{h}_{22} \cdot \underline{U}_2 \tag{3.14}$$

$$\begin{pmatrix} \underline{U}_1 \\ \underline{I}_2 \end{pmatrix} = h \cdot \begin{pmatrix} \underline{I}_1 \\ \underline{U}_2 \end{pmatrix} \tag{3.15}$$

$$h = \begin{pmatrix} \underline{h}_{11} & \underline{h}_{12} \\ \underline{h}_{21} & \underline{h}_{22} \end{pmatrix} \tag{3.16}$$

$[\underline{h}_{11}] = \Omega$ $\underline{h}_{11}$ - Kurzschluss-Eingangswiderstand

$[\underline{h}_{12}] = 1$ $\underline{h}_{12}$ - Leerlauf-Spannungsrückwirkung

$[\underline{h}_{21}] = 1$ $\underline{h}_{21}$ - Kurzschluss-Stromverstärkung

$[\underline{h}_{22}] = S$ $\underline{h}_{22}$ - Leerlauf-Ausgangsleitwert

Stellt man die Eingangsspannung $\underline{U}_1$ und den Ausgangsstrom $\underline{I}_2$ als Funktionen der Ausgangsspannung $\underline{U}_2$ und des Eingangsstroms $\underline{I}_1$ dar, so erhält man die Hybridform der Vierpolgleichungen (3.13) und (3.14). Die komplexen Koeffizienten $\underline{h}_{11}$, $\underline{h}_{12}$, $\underline{h}_{21}$ und $\underline{h}_{22}$ werden Hybridparameter genannt. Die Hybridform wird besonders zur Beschreibung von Transistoren herangezogen. Hybridparameter sind typische Transistorkennwerte.

3.3   Bestimmung der Vierpolparameter

Zur Bestimmung der Vierpolparameter betreibt man den Vierpol nacheinander in zwei von vier in Bild 3.2 dargestellten Zuständen. Diese sind:

a) Leerlauf an den Ausgangsklemmen

b) Kurzschluss an den Ausgangsklemmen

c) Leerlauf an den Eingangsklemmen

d) Kurzschluss an den Eingangsklemmen

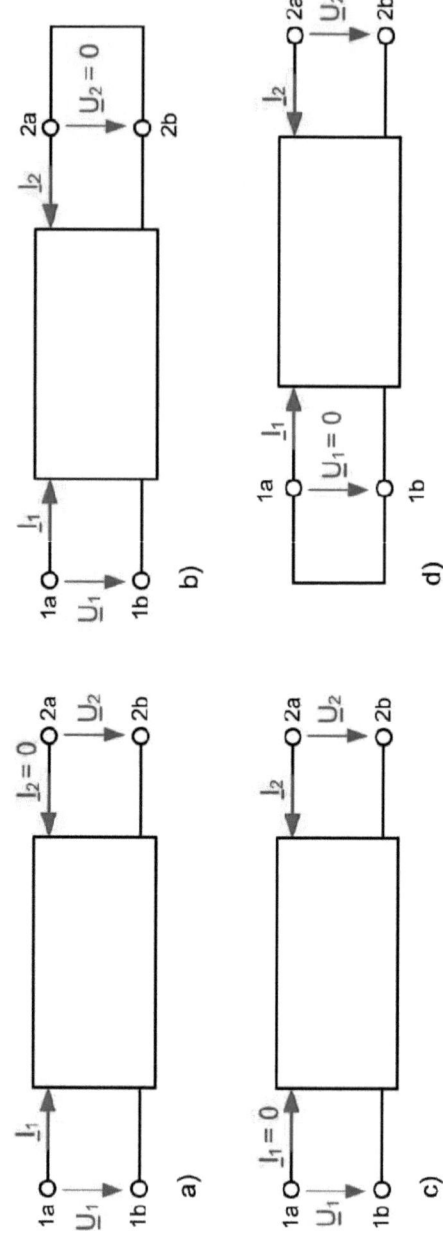

Bild 3.2:   Vierpolschaltzustände

3.3.1 Bestimmung der Leitwertparameter

Kurzschluss am Ausgang ($\underline{U}_2 = 0$): $\underline{Y}_{11} = \dfrac{\underline{I}_1}{\underline{U}_1}$ (3.17)

$$\underline{Y}_{21} = \dfrac{\underline{I}_2}{\underline{U}_1}$$ (3.18)

Kurzschluss am Eingang ($\underline{U}_1 = 0$): $\underline{Y}_{12} = \dfrac{\underline{I}_1}{\underline{U}_2}$ (3.19)

$$\underline{Y}_{22} = \dfrac{\underline{I}_2}{\underline{U}_2}$$ (3.20)

3.3.2 Bestimmung der Widerstandsparameter

Leerlauf am Ausgang ($\underline{I}_2 = 0$): $\underline{Z}_{11} = \dfrac{\underline{U}_1}{\underline{I}_1}$ (3.21)

$$\underline{Z}_{21} = \dfrac{\underline{U}_2}{\underline{I}_1}$$ (3.22)

Leerlauf am Eingang ($\underline{I}_1 = 0$): $\underline{Z}_{12} = \dfrac{\underline{U}_1}{\underline{I}_2}$ (3.23)

$$\underline{Z}_{22} = \dfrac{\underline{U}_2}{\underline{I}_2}$$ (3.24)

3.3.3 Bestimmung der Kettenparameter

Leerlauf am Ausgang $(-\underline{I}_2 = 0)$: $\qquad \underline{A}_{11} = \dfrac{\underline{U}_1}{\underline{U}_2}$ $\qquad\qquad$ (3.25)

$$\underline{A}_{21} = \dfrac{\underline{I}_1}{\underline{U}_2} \qquad\qquad (3.26)$$

Kurzschluss am Ausgang $(\underline{U}_2 = 0)$: $\qquad \underline{A}_{12} = \dfrac{\underline{U}_1}{-\underline{I}_2}$ $\qquad\qquad$ (3.27)

$$\underline{A}_{22} = \dfrac{\underline{I}_1}{-\underline{I}_2} \qquad\qquad (3.28)$$

3.3.4 Bestimmung der Hybridparameter

Kurzschluss am Ausgang $(\underline{U}_2 = 0)$: $\qquad \underline{h}_{11} = \dfrac{\underline{U}_1}{\underline{I}_1}$ $\qquad\qquad$ (3.29)

$$\underline{h}_{21} = \dfrac{\underline{I}_2}{\underline{I}_1} \qquad\qquad (3.30)$$

Leerlauf am Eingang $(\underline{I}_1 = 0)$: $\qquad \underline{h}_{12} = \dfrac{\underline{U}_1}{\underline{U}_2}$ $\qquad\qquad$ (3.31)

$$\underline{h}_{22} = \dfrac{\underline{I}_2}{\underline{U}_2} \qquad\qquad (3.32)$$

3.3.5 Umrechnungsübersicht der Vierpolparameter

Nachfolgend eine Übersicht zur Umrechnung der Vierpolparameter. Die Umrechnung wird notwendig, wenn zur Parameterermittlung der Vierpol nur in bestimmten Schaltzuständen betrieben werden kann. Also der Vierpol beispielsweise zu Ermittlung der Leitwertparameter eingangsseitig nicht kurzgeschlossen werden darf und so die Umrechnung gegebenenfalls über die Widerstandsparameter durchgeführt werden muss. Eine Herleitung dieser Übersicht liefert [1] S. 25ff.

(3.33)

$$Z = \begin{pmatrix} \underline{Z}_{11} & \underline{Z}_{12} \\ \underline{Z}_{21} & \underline{Z}_{22} \end{pmatrix} = \frac{1}{\det Y} \cdot \begin{pmatrix} \underline{Y}_{22} & -\underline{Y}_{12} \\ -\underline{Y}_{21} & \underline{Y}_{11} \end{pmatrix} = \frac{1}{\underline{A}_{21}} \cdot \begin{pmatrix} \underline{A}_{11} & \det A \\ 1 & \underline{A}_{22} \end{pmatrix} = \frac{1}{\underline{h}_{22}} \cdot \begin{pmatrix} \det h & \underline{h}_{12} \\ -\underline{h}_{21} & 1 \end{pmatrix}$$

(3.34)

$$Y = \begin{pmatrix} \underline{Y}_{11} & \underline{Y}_{12} \\ \underline{Y}_{21} & \underline{Y}_{22} \end{pmatrix} = \frac{1}{\det Z} \cdot \begin{pmatrix} \underline{Z}_{22} & -\underline{Z}_{12} \\ -\underline{Z}_{21} & \underline{Z}_{11} \end{pmatrix} = \frac{1}{\underline{A}_{12}} \cdot \begin{pmatrix} \underline{A}_{22} & -\det A \\ -1 & \underline{A}_{11} \end{pmatrix} = \frac{1}{\underline{h}_{11}} \cdot \begin{pmatrix} 1 & -\underline{h}_{12} \\ \underline{h}_{21} & \det h \end{pmatrix}$$

(3.35)

$$A = \begin{pmatrix} \underline{A}_{11} & \underline{A}_{12} \\ \underline{A}_{21} & \underline{A}_{22} \end{pmatrix} = \frac{1}{\underline{Y}_{21}} \cdot \begin{pmatrix} \underline{Y}_{22} & 1 \\ \det Y & \underline{Y}_{11} \end{pmatrix} = \frac{1}{\underline{Z}_{21}} \cdot \begin{pmatrix} \underline{Z}_{11} & \det Z \\ 1 & \underline{Z}_{22} \end{pmatrix} = -\frac{1}{\underline{h}_{21}} \cdot \begin{pmatrix} \det h & \underline{h}_{11} \\ \underline{h}_{22} & 1 \end{pmatrix}$$

(3.36)

$$h = \begin{pmatrix} \underline{h}_{11} & \underline{h}_{12} \\ \underline{h}_{21} & \underline{h}_{22} \end{pmatrix} = \frac{1}{\underline{Z}_{22}} \cdot \begin{pmatrix} \det Z & \underline{Z}_{12} \\ -\underline{Z}_{21} & 1 \end{pmatrix} = \frac{1}{\underline{Y}_{11}} \cdot \begin{pmatrix} 1 & -\underline{Y}_{12} \\ \underline{Y}_{21} & \det Y \end{pmatrix} = \frac{1}{\underline{A}_{22}} \cdot \begin{pmatrix} \underline{A}_{12} & \det A \\ -1 & \underline{A}_{21} \end{pmatrix}$$

wobei immer gilt: $\det A = 1$

Determinante einer (2,2)-Matrix: $\det K = \det \begin{pmatrix} a & b \\ c & d \end{pmatrix} = a \cdot d - b \cdot c$

3.3.6 Determinanten der Vierpolmatrizen

Die Determinanten der Vierpolmatrizen lassen sich ineinander umrechnen, wenn man die einzelnen Vierpolparameter entsprechend der Übersicht aus 3.3.5 ersetzt.

a) Determinante der Leitwertmatrix:

$$\det \boldsymbol{Y} = \frac{1}{\det \boldsymbol{Z}} = \frac{\underline{A}_{21}}{\underline{A}_{12}} = \frac{\underline{h}_{22}}{\underline{h}_{11}} \tag{3.37}$$

b) Determinante der Widerstandsmatrix:

$$\det \boldsymbol{Z} = \frac{1}{\det \boldsymbol{Y}} = \frac{\underline{A}_{12}}{\underline{A}_{21}} = \frac{\underline{h}_{11}}{\underline{h}_{22}} \tag{3.38}$$

c) Determinante der Kettenmatrix:

$$\det \boldsymbol{A} = 1 \tag{3.39}$$

d) Determinante der Hybridmatrix

$$\det \boldsymbol{h} = \frac{\underline{Z}_{11}}{\underline{Z}_{22}} = \frac{\underline{Y}_{22}}{\underline{Y}_{11}} = \frac{\underline{A}_{11}}{\underline{A}_{22}} \tag{3.40}$$

3.4   Übertragungsverhalten eines Vierpols

3.4.1   Leerlauf- und Kurzschlussimpedanz

Am Ausgang eines Vierpols soll ein komplexer Lastwiderstand $\underline{Z}_B$ angeschlossen sein (Bild 3.3). Die Zählrichtung der Ströme erfolgt nach dem Kettenpfeilsystem.

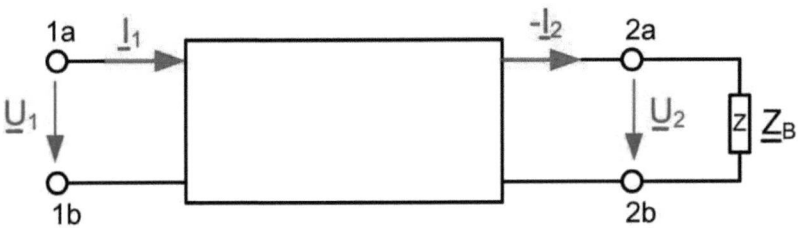

Bild 3.3:   Ausgangsseitig belasteter Vierpol

Für den komplexen Lastwiderstand gilt: $\underline{Z}_B = \frac{U_2}{-I_2}$ (3.41)

Für den Eingangswiderstand $\underline{Z}_I$ gilt: $\underline{Z}_1 = \frac{U_1}{I_1}$ (3.42)

nach der Kettenform gilt (3.9 + 3.10):

$\underline{U}_1 = \underline{A}_{11} \cdot \underline{U}_2 + \underline{A}_{12} \cdot (-\underline{I}_2)$

$\underline{I}_1 = \underline{A}_{21} \cdot \underline{U}_2 + \underline{A}_{22} \cdot (-\underline{I}_2)$

damit gilt für $\underline{Z}_I$: $\underline{Z}_1 = \frac{\underline{A}_{11} \cdot \underline{U}_2 + \underline{A}_{12} \cdot (-\underline{I}_2)}{\underline{A}_{21} \cdot \underline{U}_2 + \underline{A}_{22} \cdot (-\underline{I}_2)} = \frac{\underline{A}_{11} \cdot \underline{Z}_B + \underline{A}_{12}}{\underline{A}_{21} \cdot \underline{Z}_B + \underline{A}_{22}}$ (3.43)

$$\underline{Z}_1 = \frac{\underline{Z}_B \cdot (\underline{A}_{11} + \frac{\underline{A}_{12}}{\underline{Z}_B})}{\underline{Z}_B \cdot (\underline{A}_{21} + \frac{\underline{A}_{22}}{\underline{Z}_B})} = \frac{\underline{A}_{11} + \frac{\underline{A}_{12}}{\underline{Z}_B}}{\underline{A}_{21} + \frac{\underline{A}_{22}}{\underline{Z}_B}}$$

Leerlaufimpedanz ($\underline{Z}_B \rightarrow \infty$): $\underline{Z}_{1L} = \dfrac{\underline{A}_{11}}{\underline{A}_{21}}$ (3.44)

Kurzschlussimpedanz ($\underline{Z}_B \rightarrow 0$): $\underline{Z}_{1K} = \dfrac{\underline{A}_{12}}{\underline{A}_{22}}$ (3.45)

3.4.2 Übertragungsfunktion der Spannung

Für die Übertragungsfunktion der Spannung gilt: $\underline{G}_u = \dfrac{\underline{U}_2}{\underline{U}_1}$ (3.46)

$$-\underline{I}_2 = \frac{\underline{U}_2}{\underline{Z}_B}$$

$$\underline{U}_1 = \underline{A}_{11} \cdot \underline{U}_2 + \underline{A}_{12} \cdot (-\underline{I}_2) = (\underline{A}_{11} + \frac{\underline{A}_{12}}{\underline{Z}_B}) \cdot \underline{U}_2$$

somit gilt: $\underline{G}_u = \dfrac{1}{\underline{A}_{11} + \frac{\underline{A}_{12}}{\underline{Z}_B}}$ (3.47)

3.4.3 Übertragungsfunktion des Stromes

Übertragungsfunktion des Stromes: $\underline{G}_i = \dfrac{-\underline{I}_2}{\underline{I}_1}$ (3.48)

$$\underline{U}_2 = -\underline{I}_2 \cdot \underline{Z}_B$$

$$\underline{I}_1 = \underline{A}_{21} \cdot \underline{U}_2 + \underline{A}_{22} \cdot (-\underline{I}_2) = (\underline{A}_{21} \cdot \underline{Z}_B + \underline{A}_{22}) \cdot (-\underline{I}_2)$$

somit gilt: $\underline{G}_i = \dfrac{1}{\underline{A}_{21} \cdot \underline{Z}_B + \underline{A}_{22}}$ (3.49)

3.4.4 Übertragungsfunktion der Leistung

Übertragungsfunktion der Leistung: $\underline{G}_s = \underline{G}_u \cdot \underline{G}_i$ (3.50)

$$\underline{G}_S = \frac{1}{(\underline{A}_{11}+\frac{A_{12}}{Z_B})\cdot(\underline{A}_{21}\cdot\underline{Z}_B+\underline{A}_{22})}$$ (3.51)

3.5   Der induktive Wandler als Vierpol

Ein vereinfachtes Ersatzschaltbild eines induktiven Wandlers zeigt Bild 3.4. Die Zählrichtung der Ströme erfolgt nach dem symmetrischen Pfeilsystem.

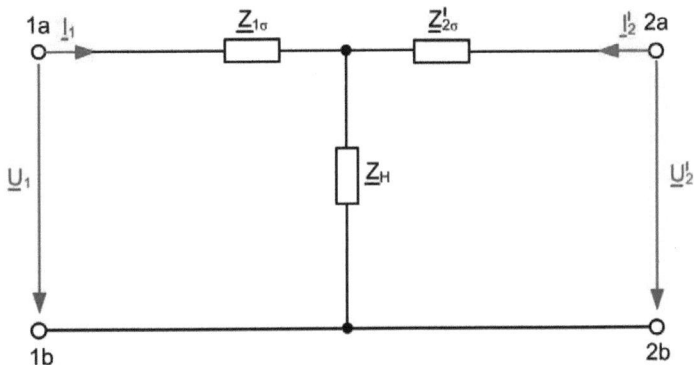

Bild 3.4:   Der Wandler als Vierpol

$\underline{Z}_{1\sigma} = R_{1\sigma} + j \cdot X_{1\sigma}$ Streuimpedanz der Primärseite, Betrag in Ω

$\underline{Z}'_{2\sigma} = R'_{2\sigma} + j \cdot X'_{2\sigma}$ Streuimpedanz der Sekundärseite, Betrag in Ω

$\underline{Z}_H = R_{Fe} \parallel j \cdot X_h$ Hauptimpedanz, Betrag in Ω

3.5.1 Bestimmung der Widerstandsparameter (Impedanzen)

Leerlauf am Ausgang ($\underline{I}_2 = 0$):

$$\underline{Z}_{11} = \frac{U_1}{I_1} = \frac{U_1}{\frac{U_2}{Z_H}} = \underline{Z}_H \cdot \frac{U_1}{U_2} = \underline{Z}_{1\sigma} + \underline{Z}_H \tag{3.52}$$

$$\underline{Z}_{21} = \frac{U_2}{I_1} = \underline{Z}_H \tag{3.53}$$

Leerlauf am Eingang ($\underline{I}_1 = 0$):

$$\underline{Z}_{12} = \frac{U_1}{I_2'} = \underline{Z}_H \tag{3.54}$$

$$\underline{Z}_{22} = \frac{U_2}{I_2'} = \underline{Z}_H \cdot \frac{U_2}{U_1} = \underline{Z}_H + \underline{Z}_{2\sigma}' \tag{3.55}$$

somit ergibt sich für die Impedanzmatrix:

$$\mathbf{Z} = \begin{pmatrix} \underline{Z}_{11} & \underline{Z}_{12} \\ \underline{Z}_{21} & \underline{Z}_{22} \end{pmatrix} = \begin{pmatrix} \underline{Z}_{1\sigma} + \underline{Z}_H & \underline{Z}_H \\ \underline{Z}_H & \underline{Z}_H + \underline{Z}_{2\sigma}' \end{pmatrix} \tag{3.56}$$

3.5.2 Bestimmung der Kettenparameter

Leerlauf am Ausgang:

$$\underline{A}_{11} = \frac{\underline{Z}_{11}}{\underline{Z}_{21}} = \frac{\underline{Z}_{1\sigma} + \underline{Z}_H}{\underline{Z}_H} = 1 + \frac{\underline{Z}_{1\sigma}}{\underline{Z}_H} \tag{3.57}$$

$$\underline{A}_{21} = \frac{1}{\underline{Z}_{21}} = \frac{1}{\underline{Z}_H} \tag{3.58}$$

Kurzschluss am Ausgang:

$$\underline{A}_{12} = \frac{\det \mathbf{Z}}{\underline{Z}_{21}} = \frac{\det \mathbf{Z}}{\underline{Z}_H} = \underline{Z}_{1\sigma} + \underline{Z}_{2\sigma}' + \frac{\underline{Z}_{1\sigma} \cdot \underline{Z}_{2\sigma}'}{\underline{Z}_H} \tag{3.59}$$

$$\underline{A}_{22} = \frac{\underline{Z}_{22}}{\underline{Z}_{21}} = \frac{\underline{Z}_H + \underline{Z}_{2\sigma}'}{\underline{Z}_H} = 1 + \frac{\underline{Z}_{2\sigma}'}{\underline{Z}_H} \tag{3.60}$$

somit ergibt sich für die Kettenmatrix:

$$A = \begin{pmatrix} \underline{A}_{11} & \underline{A}_{12} \\ \underline{A}_{21} & \underline{A}_{22} \end{pmatrix} = \begin{pmatrix} 1 + \dfrac{\underline{Z}_{1\sigma}}{\underline{Z}_H} & \underline{Z}_{1\sigma} + \underline{Z}'_{2\sigma} + \dfrac{\underline{Z}_{1\sigma} \cdot \underline{Z}'_{2\sigma}}{\underline{Z}_H} \\ \dfrac{1}{\underline{Z}_H} & 1 + \dfrac{\underline{Z}'_{2\sigma}}{\underline{Z}_H} \end{pmatrix} \qquad (3.61)$$

$$\det \mathbf{A} = 1$$

3.5.3 Übertragungsfunktion der Spannung eines Wandlers

In Gleichung 3.62 und 3.63 erfolgt die Zählrichtung von Strömen und Spannungen nach der Energieflussrichtung.

Mit Rücksicht auf die messtechnisch erfassbaren Größen, ergibt sich die relative Übertragungsfunktion eines Wandlers wie folgt:

$$\underline{G}_\mu = \frac{1}{\underline{A}_{11} + \frac{\underline{A}_{12}}{\underline{Z}_B}} = \left(\frac{\underline{U}_{1L}}{\underline{U}'_{2L}} + \frac{\underline{U}_{1K}}{\underline{I}'_{2K}} \cdot \frac{\underline{I}'_2}{\underline{U}'_2} \right)^{-1} \tag{3.62}$$

$\underline{U}_{1L}$ primäre Leerlaufspannung für $\underline{I}'_2 = 0$

$\underline{U}'_{2L}$ sekundäre Leerlaufspannung für $\underline{I}'_2 = 0$

$\underline{U}_{1K}$ primäre Kurzschlussspannung für $\underline{U}'_2 = 0$ und $\underline{I}_{2K} = \underline{I}_N$

$\underline{I}'_{2K} = \underline{I}_N$ sekundärer Kurzschlussstrom für $\underline{U}'_2 = 0$

$\underline{I}'_2$ sekundärer Strom

$\underline{U}'_2$ sekundäre Spannung

3.5.4 Übertragungsfunktion des Stromes eines Wandlers

$$\underline{G}_i = \frac{1}{\underline{A}_{21} \cdot \underline{Z}_B + \underline{A}_{22}} = \left(\frac{\underline{I}_{1L}}{\underline{U}'_{2L}} \cdot \frac{\underline{U}'_2}{\underline{I}'_2} + \frac{\underline{I}_{1K}}{\underline{I}'_{2K}} \right)^{-1} \tag{3.63}$$

$\underline{U}_{1L}$ primäre Leerlaufspannung für $\underline{I}'_2 = 0$

$\underline{U}'_{2L}$ sekundäre Leerlaufspannung für $\underline{I}'_2 = 0$

$\underline{U}_{1K}$ primäre Kurzschlussspannung für $\underline{U}'_2 = 0$ und $\underline{I}'_{2K} = \underline{I}_N$

$\underline{I}'_{2K} = \underline{I}_N$ sekundärer Kurzschlussstrom für $\underline{U}'_2 = 0$

$\underline{I}'_2$ sekundärer Strom

$\underline{U}'_2$ sekundäre Spannung

4   Das Spektrum aperiodischer Zeitfunktionen

Es soll das Spektrum von aperiodischen Schaltstoß- bzw. Blitzstoßspannungen (siehe Anlage A1 und A2) berechnet werden. Ziel in den Versuchen soll es sein, die Übertragung einer Stoßfunktion durch einen Spannungswandler zu charakterisieren. Dazu ist die Kenntnis des analytischen Spektrums einer solchen Funktion hilfreich. Die Berechnung in den Laborversuchen kann jedoch nur diskret durchgeführt werden. Die einzelnen spektralen Anteile sollen im Versuch dann jeweils durch Sinusspannungen mit entsprechender Frequenz, Amplitude und Anfangsphasenlage nachgebildet werden. Es soll untersucht werden, ob sich die Übertragung einer aperiodischen Stoßfunktion von der Übertragung einzelner Sinusgrößen unterscheidet. Gemeint ist der Vergleich eines spektralen Anteils der Stoßfunktion mit dem Spektrum einer der Sinusspannung gleicher Frequenz.

4.1   Kontinuierliches Spektrum

Analytisch kann eine impulsförmige Stoßspannung (Schalt- bzw. Blitzstoß) durch folgenden Ansatz dargestellt werden:

$$u(t) = A \cdot (\exp(-at) - \exp(-bt)) \tag{4.1}$$

A Konstante in V

a Konstante in rad/s (Kreisfrequenz)

b Konstante in rad/s (Kreisfrequenz)

In [9] sind auf der Seite 371 zwei Grundschaltungen zur Erzeugung von Stoßspannungen gegeben (siehe Bild 4.1). Diese sind kapazitive Stoßkreise. Durch Lösen der das Netzwerk beschreibenden Differentialgleichungen erhält Küchler [9], S. 372 folgenden Ansatz:

$$u(t) = \frac{U_0}{R_D \cdot C_B} \cdot \frac{\tau_1 \cdot \tau_2}{\tau_2 - \tau_1} \cdot \left[\exp\left(-\frac{t}{\tau_2}\right) - \exp\left(-\frac{t}{\tau_1}\right) \right] \tag{4.2}$$

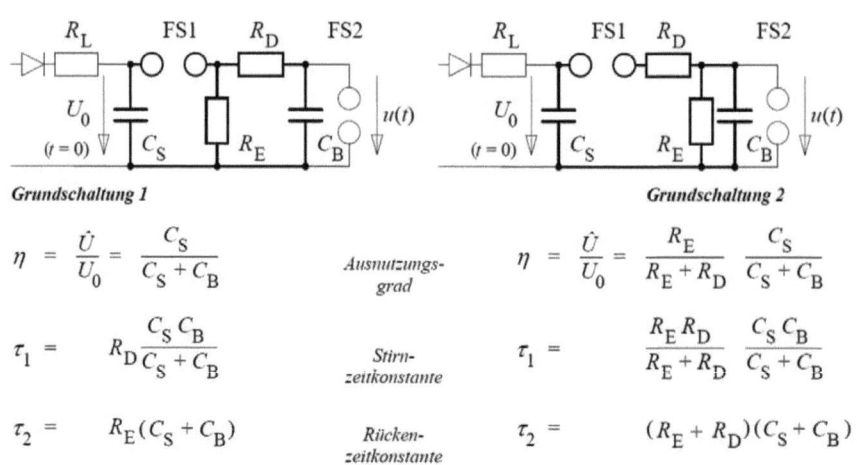

Bild 4.1:   Grundschaltungen zur Erzeugung von Stoßspannungen; [9], S. 371

Die Näherungsgleichungen in Bild 4.1 gelten für $R_E C_S \gg R_D C_B$.

Die Fourier-Transformierte von (4.1) wird berechnet als:

$$U(j\omega) = \int_{-\infty}^{+\infty} u(t) \cdot \exp(-j\omega t)\, dt \tag{4.3}$$

Mit Rücksicht auf den physikalischen Verlauf des realen Signals kann die untere Grenze des Integrals mit 0 angesetzt werden. Setzt man (4.1) in (4.3) ein, so folgt:

$$U(j\omega) = \int_{0}^{+\infty} A \cdot (\exp(-at) - \exp(-bt)) \cdot \exp(-j\omega t)\, dt \tag{4.4}$$

Die Integration ergibt:

$$U(j\omega) = A \cdot \left(\frac{1}{-b - j\omega} - \frac{1}{-a - j\omega} \right) = A \cdot \left(\frac{-b + j\omega}{b^2 + \omega^2} - \frac{-a + j\omega}{a^2 + \omega^2} \right)$$

$$U(j\omega) = A \cdot \left(\frac{-b}{b^2 + \omega^2} + \frac{j\omega}{b^2 + \omega^2} - \frac{-a}{a^2 + \omega^2} - \frac{j\omega}{a^2 + \omega^2} \right)$$

$$U(j\omega) = A \cdot \left(\frac{a}{a^2+\omega^2} - \frac{b}{b^2+\omega^2} + j \cdot \left(\frac{\omega}{b^2+\omega^2} - \frac{\omega}{a^2+\omega^2} \right) \right) \tag{4.5}$$

Für das Amplitudenspektrum gilt:

$$|U(j\omega)| = U(\omega) = A \cdot \sqrt{ \left(\frac{a}{a^2+\omega^2} - \frac{b}{b^2+\omega^2} \right)^2 + \left(\frac{\omega}{b^2+\omega^2} - \frac{\omega}{a^2+\omega^2} \right)^2 } \tag{4.6}$$

Für den Phasengang gilt:

$$\theta(\omega) = \text{atan2} \left(\frac{\frac{\omega}{b^2+\omega^2} - \frac{\omega}{a^2+\omega^2}}{\frac{a}{a^2+\omega^2} - \frac{b}{b^2+\omega^2}} \right) \tag{4.7}$$

Die Gleichung (4.6) kann auf folgende Form gebracht werden:

$$U(\omega) = A \cdot \frac{b-a}{\sqrt{(a^2+\omega^2) \cdot (b^2+\omega^2)}} \tag{4.8}$$

Für die Stelle $\omega = 0$ liefert das Amplitudenspektrum:

$$U(0) = A \cdot \left(\frac{1}{a} - \frac{1}{b} \right) \tag{4.9}$$

Für $\omega \to \infty$ liefert das Amplitudenspektrum:

$$\lim_{\omega \to \infty} U(\omega) = 0 \tag{4.10}$$

Die bezogene spektrale Amplitudendichte ist definiert durch:

$$u(\omega) = \frac{U(\omega)}{U(0)} = \frac{a \cdot b}{\sqrt{(a^2 + \omega^2) \cdot (b^2 + \omega^2)}}$$

$$u(\omega) = \frac{1}{\sqrt{\left(1 + \frac{\omega^2}{a^2}\right) \cdot \left(1 + \frac{\omega^2}{b^2}\right)}} \tag{4.11}$$

Schaltspannungszeitfunktionen werden nach TGL 20622 (Ausgabe 1978-12-00: „Hochspannungsprüftechnik. Prüfung mit Schaltspannung") durch die Scheitelspannung U_m, die Stirnzeit T_s und die Rückenhalbwertzeit T_r dargestellt. Die DIN EN 60060-3 verwendet eine abweichende Definition (siehe Anlage A1 und A2). Die Definition nach DIN EN 60060-3 ist zu bevorzugen.

Folgende Schaltstoßformen sind an die TGL angelehnt und werden in [10] aufgeführt:

Nr.	$\dfrac{T_s}{T_r}$	$\dfrac{b}{a}$	$a \cdot T_r$	$\dfrac{A}{U_m}$	a in $\dfrac{rad}{s}$	b in $\dfrac{rad}{s}$	$a \cdot b$ in $\dfrac{10^6 \cdot rad^2}{s^2}$
1	50/1000	73	0,778	1,076	778	56 794	44,1857
2	50/2000	165	0,736	1,04	368	6 072	22,3445
3	50/2500	204	0,728	1,032	291	59 405	17,2986
4	250/2500	27,5	0,874	1,165	35	9 614	3,361
5	300/4000	42,5	0,814	1,12	204	8 649	1,76
6	200/1000	7,5	1,2	1,6	1200	9 000	10,8
7	150/2000	42,5	0,814	1,12	407	17 298	7,04
8	150/2500	59	0,792	1,093	317	18 691	5,9213

Tabelle 4.1:   Schaltstoßformen in Anlehnung an TGL 20622

T_s Stirnzeit in µs (nach TGL)

T_r Rückenhalbwertzeit in µs (nach TGL)

U_m Scheitelspannung in V

Klabuhn [10] weist die Wellenform 50/1000 als jene aus, deren Spektrum am weitesten in das Gebiet höherer Frequenzen reicht. Ein Maß dessen ist das Produkt $a \cdot b$.

4.1.1 Verlauf der Schaltstoßspannung 50/1000

Es wird beispielsweise angenommen, dass die Scheitelspannung $U_m = 10$ kV beträgt. Damit gilt für die Zeitfunktion mit den Parametern aus Tabelle 4.1:

$$u(t) = 10\,760\,V \cdot \left(\exp\left(-778\,\frac{rad}{s} \cdot t\right) - \exp\left(-56\,794\,\frac{rad}{s} \cdot t\right)\right) \tag{4.12}$$

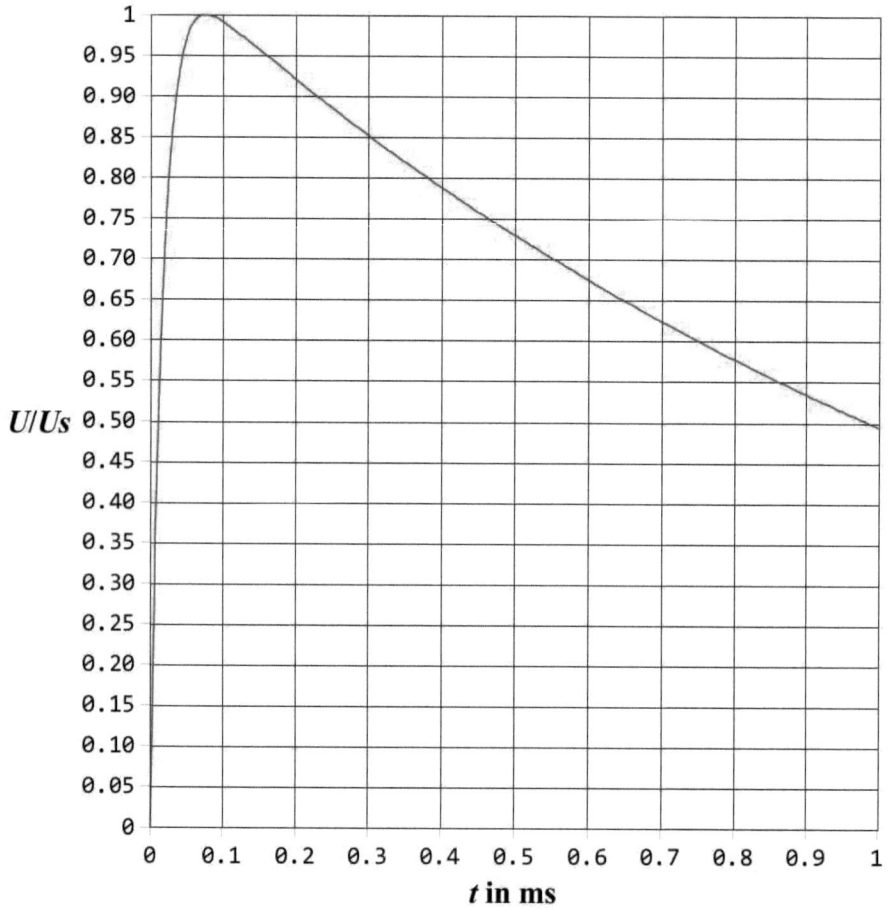

Bild 4.2:   Schaltstoßspannung 50/1000 im Zeitbereich (1)

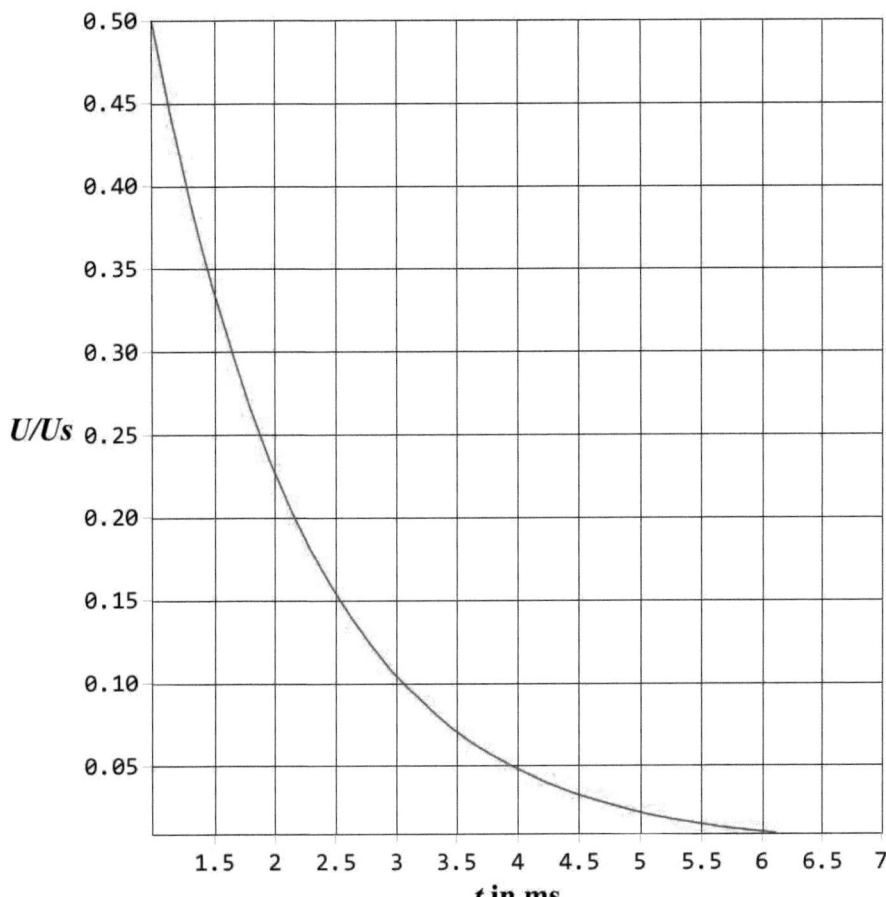

Bild 4.3:   Schaltstoßspannung 50/1000 im Zeitbereich (2)

Für Zeitpunkte über 7 ms ist die bezogene Spannung in etwa null.

4.1.2 Amplitudenspektrum der Schaltstoßspannung 50/1000

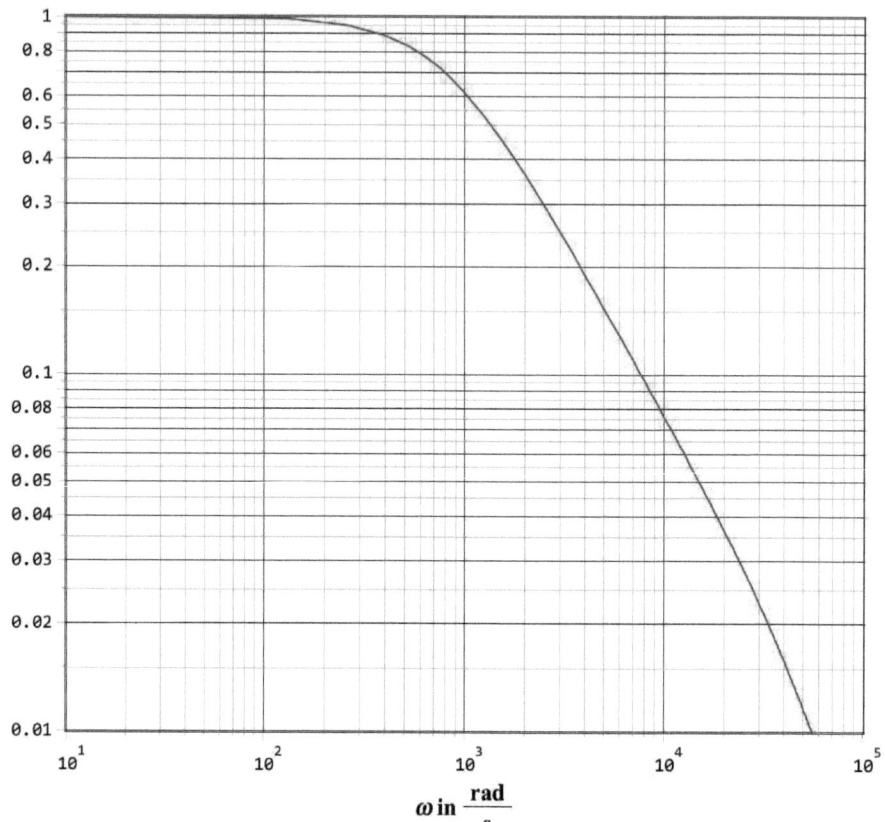

$$\omega \text{ in } \frac{\text{rad}}{\text{s}}$$

Bild 4.4:   Bezogenes Amplitudenspektrum der Schaltstoßspannung 50/1000

Parameter b:

$$\frac{b}{2\pi} \approx 9039 \, Hz \tag{4.13}$$

Für Frequenzen unter 10 Hz strebt das bezogene Amplitudenspektrum gegen 1.

4.1.3   Phasenspektrum der Schaltstoßspannung 50/1000

Aus Gleichung (4.7) folgt:

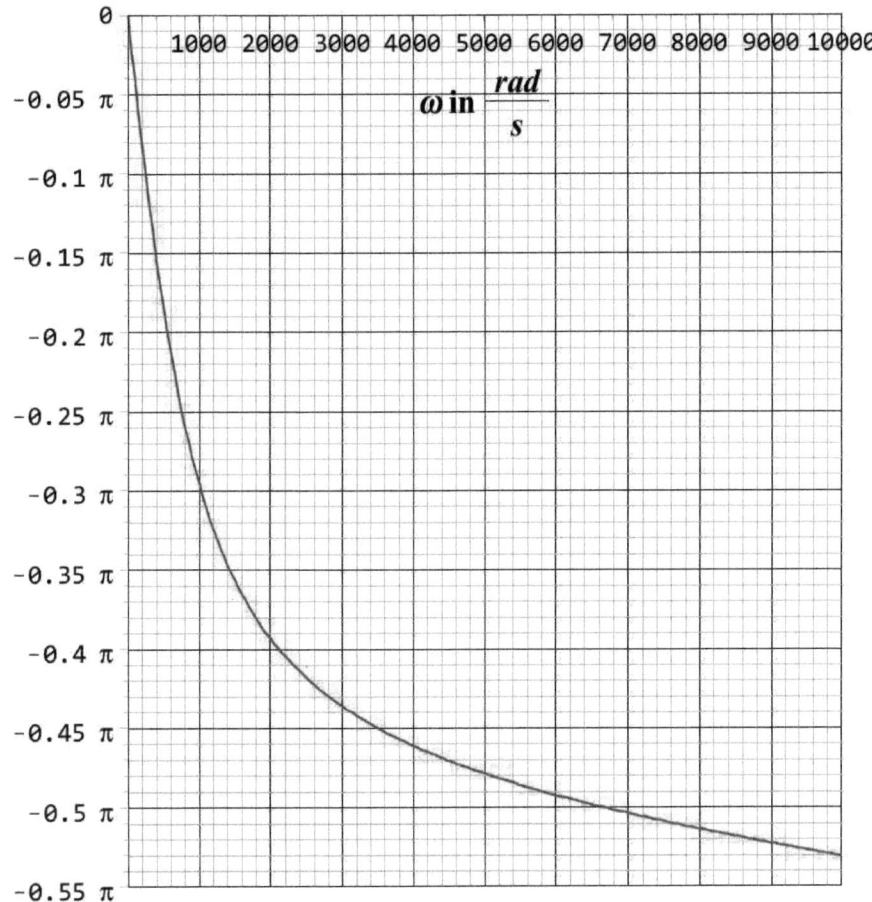

Bild 4.5:   Phasenspektrum der Schaltstoßspannung 50/1000 (1)

Durch Untersuchungen im Bereich von -90° wurde festgestellt:

$$f_{-90°} \approx \left(\frac{a}{2\pi}\right) \cdot \pi \cdot e \qquad (4.14)$$

51

Für Frequenzen über $f_{-90°}$ klingt die Phase für $f \to \infty$ gegen -180° ab (siehe Bild 4.6).

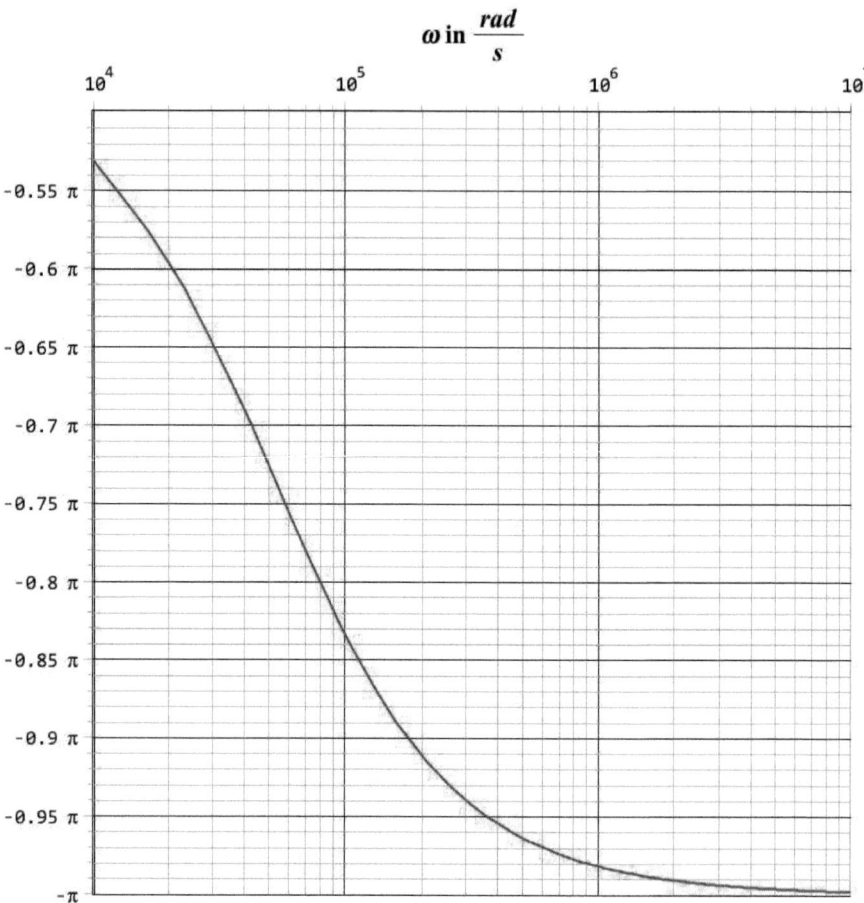

Bild 4.6:   Phasenspektrum der Schaltstoßspannung 50/1000 (2)

4.2   Diskretes Spektrum

Die Berechnung der kontinuierlichen Fourier-Transformierten (Gleichung 4.1) ist durch Digitalrechner nicht möglich. Ein Digitalrechner wurde im Kapitel 4.1 lediglich zur Ausgabe der analytisch berechneten Funktionen verwendet.

Eine kontinuierliche Berechnung ist insofern schon unmöglich, da der Input (Zeitsignalgrößen) in der Regel bereits nur diskret zur Verfügung gestellt werden kann.

Es gilt zu untersuchen, inwiefern Unterschiede zwischen der rein kontinuierlichen Berechnung und der diskreten Berechnung bestehen. Zu diesem Zweck wird die Gleichung 4.12 diskretisiert:

$$u(t) = 10\,760\ V \cdot \left(\exp\left(-778\ \frac{rad}{s} \cdot t\right) - \exp\left(-56\,794\ \frac{rad}{s} \cdot t\right) \right)$$

Basierend auf der reellen analytischen Zeitfunktion, werden nun diskrete Werte im Abstand von 10 ns berechnet. Der Abtastzeitraum (Fensterbreite) beträgt 10 ms. Damit müssen eine Million Werte des Zeitsignals aufgenommen werden. Über 10 ms kann die Spannung des Schaltstoßes 50/1000 mit guter Näherung als null angenommen werden.

Zur Durchführung dieser Maßnahme wird LabView 8.0 (National Instruments) verwendet. Gegenständlich handelt es sich um eine eingeschränkte Evaluierungsversion mit einer Gültigkeit von 30 Tagen. Zur Betrachtung des hier dargestellten Sachverhaltes ist der Funktionsumfang dieses Softwareproduktes ausreichend.

Eine Auflösung von 10 ns je Abtastwert ist für den Schaltstoß 50/1000 akzeptabel. Dass stellt bei der Verwendung der Evaluierungsversion jedoch aus diversen Gründen bereits die obere Grenze dar. Bei der Betrachtung von Blitzstößen wird eine Abtastung im Pikosekundenbereich notwendig. Das ist bei diesem Programm nur durch eine Verkürzung der Abtastdauer möglich.

Bei der Berechnung der FFT aus dem reellen Input, muss die Anzahl der Messwerte eine Potenz von zwei sein. Die zu 2^{20} fehlenden Werte werden automatisch durch Nullen ersetzt. Es wird bei der Anzahl der Messwerte eine Potenz von zehn verwendet, damit die Skalierungsfaktoren der Achsen in den Diagrammen ebenfalls eine Potenz von zehn sind.

4.2.1 Verlauf der diskreten Schaltstoßspannung 50/1000

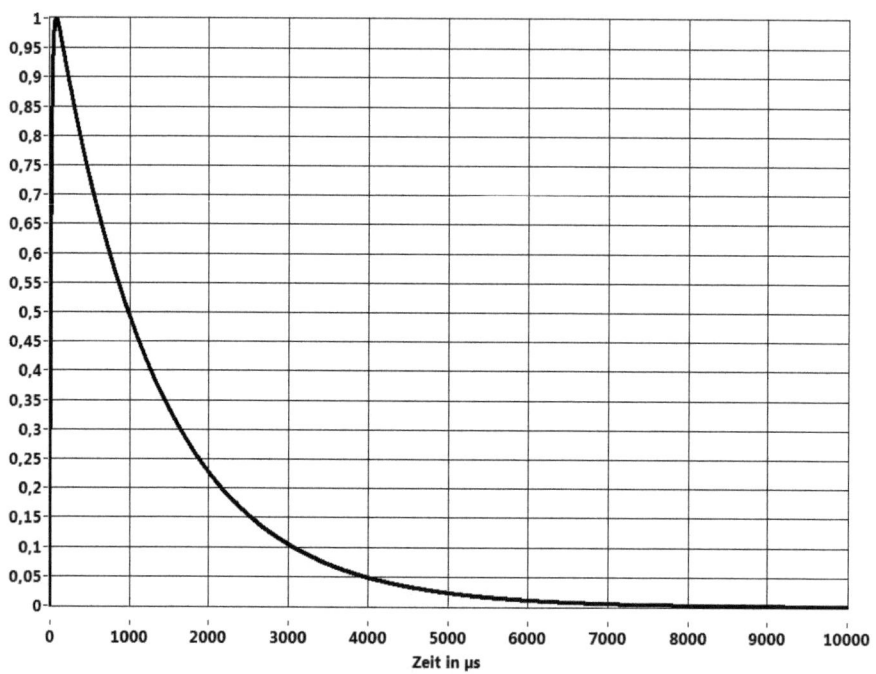

Bild 4.7:   Verlauf der diskreten Schaltstoßspannung 50/1000

In Bild 4.7 ist der Verlauf der Schaltstoßspannung 50/1000 in Abhängigkeit der Zeit zu sehen. Die Darstellung in Bild 4.7 wird durch Verbinden der diskreten Werte erreicht.

4.2.2   Diskretes Amplitudenspektrum der Schaltstoßspannung 50/1000

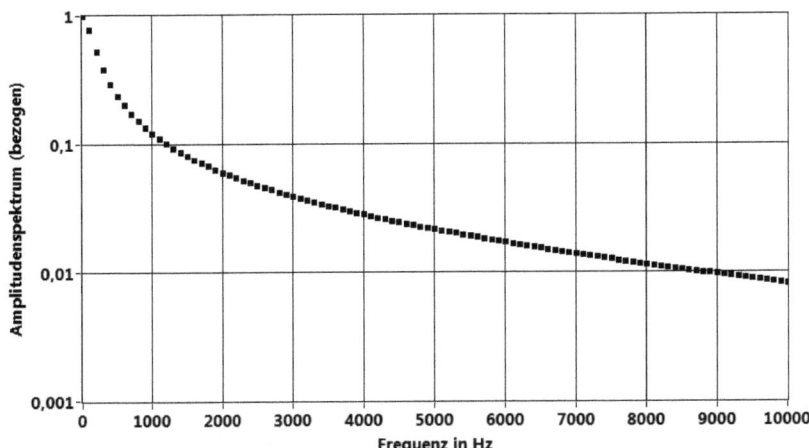

Bild 4.8:   Amplitudenspektrum der diskreten Schaltstoßspannung 50/1000

In Bild 4.8 ist das bezogene Amplitudenspektrum der diskreten Schaltstoßspannung 50/1000 dargestellt. Bild 4.8 ist ein Ausschnitt des tatsächlichen Amplitudenspektrums. Die Darstellung erfolgt durch die Wrap-Around-Methode, bei der das linksseitige Spektrum (negative Frequenzen) an das Ende der rechtsseitigen Darstellung geschoben wird.

Geschuldet der gewählten Abtastung ergibt sich der erste diskrete Wert bei 0 Hz, der zweite diskrete Wert bei 100 Hz und so weiter.

4.2.3 Diskretes Phasenspektrum der Schaltstoßspannung 50/1000

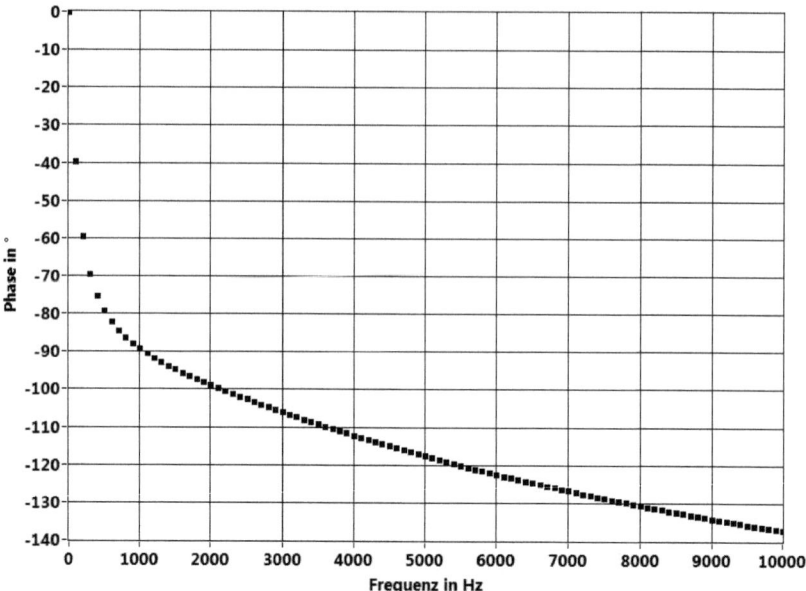

Bild 4.9:   Phasenspektrum der diskreten Schaltstoßspannung 50/1000

In Bild 4.9 ist das Phasenspektrum der diskreten Schaltstoßspannung 50/1000 dargestellt. Bild 4.9 ist ein Ausschnitt aus dem gesamten Phasenspektrum. Geschuldet der gewählten Abtastdauer treten nur an Stellen mit Vielfachen von 100 Hz diskrete Werte auf.

4.2.4 Abschließende Bemerkung

Erfreulich ist, dass die Erkenntnisse aus der rein analytischen Betrachtung durch die Diskretisierungsmethode bestätigt werden. Die Abtastung der Zeitsignalgrößen muss jedoch sorgsam gewählt werden.

Die korrespondierende TGL (Prüfen mit Schaltspannung) darf nur als informativ angesehen werden.

5   Versuchsaufbau und Durchführung

5.0   Vorbemerkungen

In den Versuchen sollen die von außen her zugänglichen Größen eines Spannungswandlers gemessen werden. Das sind Primär- und Sekundärstrom sowie Primär- und Sekundärspannung. Dabei muss jeweils der Scheitelwert und die Phase erfasst werden. Für die Beurteilung der Phase wird die Speisespannung als Bezugsgröße definiert. Die Phase der Speisespannung wird mit $0°$ festgelegt. Nur wenn Betrag (aus dem Scheitelwert) und Phase einer sinusförmigen Größe bekannt sind, kann sie komplex definiert werden. Für die Beurteilung des Übertragungsverhaltens eines Spannungswandlers ist die Kenntnis der komplexen Größen erforderlich.

5.0.1 Strommessung

Eine einfache Methode ist der Einsatz von Shunts. Das sind ohmsche Widerstände mit kleinem Wert. Der durch den Shunt fließende Strom bewirkt einen Spannungsabfall über diesem. Die Spannung über dem Shunt ist dem Strom proportional. Die gemessene Spannung ist in Phase mit dem Strom. Das ist wesentlich und notwendig. Jedoch sollte der Shunt so klein wie nötig gewählt werden, da er zu einer Verfälschung der Spannungsmessung führt.

Der Einsatz von Niederspannungsshunts ist auch auf der Oberspannungsseite eines Spannungswandlers möglich, insofern er in den geerdeten Zweig gelegt wird.

Wenn die Bürde des zu prüfenden Spannungswandlers separat durch die Reihenschaltung von Widerstand und Induktivität realisiert werden kann, so kann der Widerstand der Bürde als Shunt genutzt werden.

Die zu verwendenden Shunts richten sich nach der Leistung des Prüflings. Eine sinnvolle Wahl dieser kann erst ein Probeversuch liefern.

5.0.2 Spannungsmessung

Auf der Unterspannungsseite eines Spannungswandlers (typisch 100 V / $\sqrt{3}$) kann die Spannung ggf. direkt gemessen werden. Auf der Oberspannungsseite ist ein Tastkopf nötig. Das ist ein Spannungsteiler. Auf Grund der möglichen negativen Beeinflussung der Phase bei einseitiger Verwendung, kann zur Korrektur auch auf der Unterspannungsseite ein Tastkopf notwendig werden.

5.0.3 GPIB (IEEE-488)

Dabei handelt es sich um einen 8-Bit breiten parallelen Datenbus. Er wird hier zur Interaktion des PC mit den über diesen Bus angeschlossenen Geräten verwendet.

5.0.4 Trennverstärker

Zur galvanischen Trennung der Kanäle ist ein Trennverstärker zweckmäßig. Auch kann, wie der Name schon sagt, eine Signalverstärkung durchgeführt werden. Der Grund der Kanaltrennung ist die Bezugsmasse des Oszilloskops. Die Masse jedes Kanals liegt beim Oszilloskop auf demselben Potenzial. Darüber hinaus ist jede Kanalmasse mit dem Schutzleiter (PE) verbunden. Zur Erhöhung des Personenschutzes und zur Vermeidung der möglichen Schädigung der Messmittel (hier Ozilloskop) ist ein Trennverstärker notwendig.

5.0.5 Stoßgenerator

Dabei handelt es sich um den SURGE GENERATOR VCS 500 oder den BURST GENERATOR EFT 800 (siehe Kapitel V Anhang A3 und A4). Mit diesen lassen sich Stöße erzeugen.

Typische Stoßformen:

    a) SURGE GENERATOR VCS 500   1,2 / 50 µs

    b) BURST GENERATOR EFT 800   5 / 50 ns

5.0.6 Automatisierung

Die Durchführung der Messwertaufnahme sollte PC-gestützt erfolgen. Dazu ist ein Programm zu schreiben. Es bietet sich LabView (National Instruments) an. Diese Programmiersprache besitzt bereits einige GPIB-Applikationen zur Einbindung in den eigenen Algorithmus.

5.0.7 Bürde

Diese richtet sich nach der Leistung des Prüflings. Diese ist vom Anwender je nach Prüfling zu wählen.

5.1   Oberspannungsseitige Speisung mit Sinusspannung

5.1.1   Aufgabe

Ermittlung der Leerlaufparameter, Kurzschlussparameter und Belastungsparameter eines Spannungswandlers bei oberspannungsseitiger Speisung.

5.1.2   Versuchsaufbau

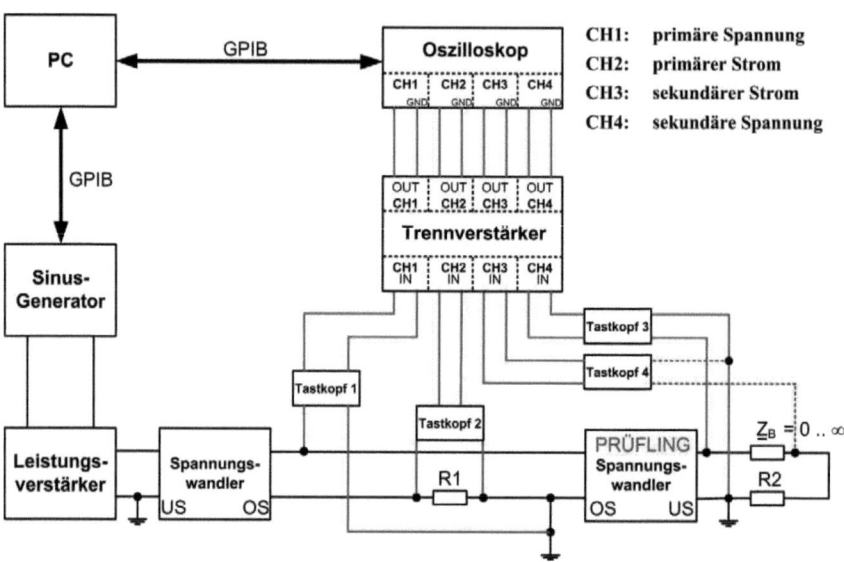

Bild 5.1:   Versuchsaufbau OS-Speisung mit Sinusspannung

5.1.3 Hardware

a)	Oszilloskop:	LeCroy 9304A Quad 200 MHz
b)	Trennverstärker:	Dewetron DEWE 571 oder DEWE 2520
c)	Sinusgenerator:	Stanford DS 345 30 MHz Function Generator
d)	Leistungsverstärker:	Omicron
e)	Tastkopf 1:	PMK: PHV 4002-3
f)	Tastkopf 2:	Differenztastkopf ADF 300 (PMK)
g)	Tastkopf 3:	PMK: PHV 4002-3
h)	Tastkopf 4:	Differenztastkopf ADF 300 (PMK)

5.1.4 Messgrößen

a)   Effektivwert und Phase[2] der primären Spannung (Speisespannung)

b)   Effektivwert und Phase des primären Stroms

c)   Effektivwert und Phase des sekundären Stroms

d)   Effektivwert und Phase der sekundären Spannung

5.1.5 Durchführung

Leerlaufversuch:

a)   Bürde und R2 entfernen, Erfassung des Sekundärstromes entfällt

b)   oberspannungsseitig die Nennspannung einstellen

c)   Aufnahme der Messgrößen – siehe Versuchsaufbau

Kurzschlussversuch:

a)   Bürde entfernen, Wandler auf US mit R2 kurzschließen

b)   oberspannungsseitig 0 V einstellen, dann Spannung erhöhen bis unterspannungsseitig der Nennstrom fließt

c)   Aufnahme der Messgrößen – siehe Versuchsaufbau

Nennlastversuch:

a)   Bürde so auslegen, dass der Prüfling die Nennleistung aufnimmt, ggf. kann R2 durch den Bürdenwiderstand ersetzt werden (siehe 5.0.1)

b)   oberspannungsseitig Nennspannung einstellen

c)   Aufnahme aller Messgrößen – siehe Versuchsaufbau

---

[2]   Phasenlage jeweils bezogen auf die Speisespannung – Phase der Speisespannung = 0°

5.1.6 Programm

I)   Messung mit f = 50 Hz

II) Messungen mit f = 1 .. 1000 Hz

5.1.7 Hinweise

Der Massebezug (Erdung) des Leistungsverstärkers ist nur möglich, falls ein Potenzial auf 0 Volt gestellt werden kann. Bei symmetrischer Spannungsversorgung des Leistungsverstärkers ist gegebenenfalls ein DC-Offset notwendig. Zur Speisung des Prüflings wird ein Spannungswandler vorgelagert, da der Leistungsverstärker nur Spannungen bis 100 V liefern kann. Die Zweckmäßigkeit der Speisung durch einen vorgelagerten Spannungswandler kann nur messtechnisch (Probeversuch) beurteilt werden. Wichtig ist, dass der vorgelagerte Spannungswandler eine höhere Leistung übertragen kann, als der Prüfling. Eine Verfälschung der Eingangsspannung des Prüflings durch Sättigungserscheinungen des vorgelagerten Wandlers muss unbedingt verhindert werden. Auch muss der vorgelagerte Wandler mindestens die gleiche (besser eine größere) Spannungsübersetzung besitzen.

5.2   Unterspannungsseitige Speisung mit Sinusspannung

5.2.1 Aufgabe

Ermittlung der Leerlaufparameter, Kurzschlussparameter und Belastungsparameter eines Spannungswandlers bei unterspannungsseitiger Speisung. Zu beachten ist die Spannungsfestigkeit der Bürde.

5.2.2 Versuchsaufbau

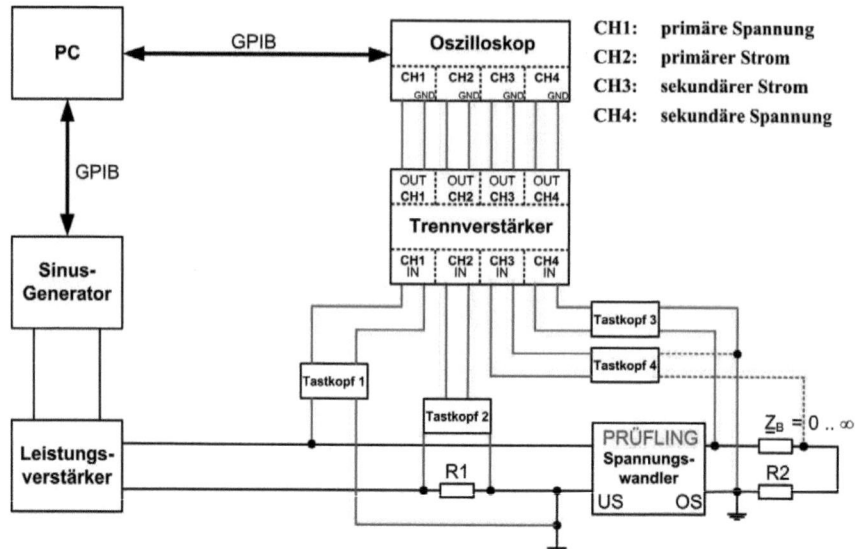

Bild 5.2:   Versuchsaufbau US-Speisung mit Sinusspannung

5.2.3 Hardware

a) Oszilloskop: LeCroy 9304A Quad 200 MHz

b) Trennverstärker: Dewetron DEWE 571 oder DEWE 2520

c) Sinusgenerator: Stanford DS 345 30 Mhz Function Generator

d) Leistungsverstärker: Omicron

e) Tastkopf 1:   PMK: PHV 4002-3

f) Tastkopf 2:   Differenztastkopf ADF 300 (PMK)

g) Tastkopf 3:   PMK: PHV 4002-3

h) Tastkopf 4:   Differenztastkopf ADF 300 (PMK)

5.2.4 Messgrößen

a)   Effektivwert und Phase[3] der primären Spannung (Speisespannung)

b)   Effektivwert und Phase des primären Stromes

c)   Effektivwert und Phase der sekundären Spannung

d)   Effektivwert und Phase des sekundären Stromes

5.2.5 Durchführung

Leerlaufversuch:

a)   Bürde und R2 entfernen, Erfassung des Sekundärstromes entfällt

b)   unterspannungsseitig die Nennspannung einstellen

c)   Aufnahme der Messgrößen – siehe Versuchsaufbau

Kurzschlussversuch:

a)   Bürde   entfernen,   Wandler   auf   OS   mit   R2   kurzschließen
(Spannungsfestigkeit von R2 beachten)

b)   unterspannungsseitig 0 V einstellen, dann Spannung erhöhen bis
oberspannungsseitig der Nennstrom fließt

c)   Aufnahme der Messgrößen – siehe Versuchsaufbau

Nennlastversuch:

a)   Bürde so auslegen, dass der Prüfling die Nennleistung aufnimmt

b)   unterspannungsseitig Nennspannung einstellen ODER die Spannung des
spektralen Anteils der Stoßfunktion (siehe 5.4 – Auswertungshinweise)

c)   Aufnahme aller Messgrößen – siehe Versuchsaufbau

---

[3]   Phasenlage jeweils bezogen auf die Speisespannung – Phase der Speisespannung = 0°

5.2.6 Programm

siehe 5.1.6

5.2.7 Hinweise

siehe 5.1.7

5.3   Stoßversuch

5.3.1 Aufgabe

- Aufnahme der Eingangs- und Ausgangsgrößen (Zeitbereich)
- Ermittlung des Eingangs- und Ausgangsspektrums (je Amplituden- und
  Phasenspektrum)

5.3.2 Versuchsaufbau

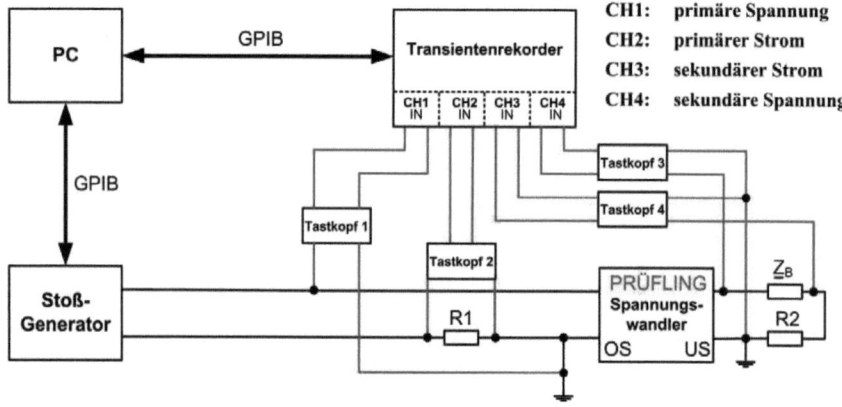

Bild 5.3:   Versuchsaufbau Stoßversuch

5.3.3 Hardware

a) Transientenrekorder: Dewetron

b) Stoßgenerator: VCS 500 oder EFT 800

c) Tastkopf 1:   PMK: PHV 4002-3

d) Tastkopf 2:   Differenztastkopf ADF 300 (PMK)

e) Tastkopf 3:   PMK: PHV 4002-3

f) Tastkopf 4:   Differenztastkopf ADF 300 (PMK)

5.3.4 Messgrößen

a) Effektivwert der primären Spannung mit Zeitbezug

b) Effektivwert der sekundären Spannung mit Zeitbezug

c) Effektivwert des primären Stromes mit Zeitbezug

d) Effektivwert des sekundären Stromes mit Zeitbezug

5.3.5 Durchführung

a) Transientenrekorder auf Stoßbeginn triggern

b) Aufnahme der Messgrößen – siehe Versuchsaufbau

c) Berechnung der FFT durch den PC

5.3.6 Programm

I)   Messung mit Scheitelspannung = Nennspannung, variable Stoßform[4]

II)   Messung mit Scheitelspannung ≠ Nennspannung, konstante Stoßform

III) Messung mit Scheitelspannung ≠ Nennspannung, variable Stoßform

---

[4]   Die Stoßform wird durch die Stirnzeit und die Rückenhalbwertzeit charakterisiert.

5.4   Auswertungshinweise

Ziel der Versuche mit sinusförmiger Spannung soll es sein, jeweils die aus der Vierpoltheorie bereitgestellte Übertragungsfunktion zu bestimmen. Ausgehend von der Übertragungsfunktion bei netzfrequenter Parameterermittlung, soll diese jeweils mit der Übertragungsfunktion bei Parameterermittlung mit variabler Frequenz verglichen werden.

Ziel der Stoßversuche ist der jeweilige Vergleich zwischen dem komplexen Eingangsfrequenzspektrum und dem komplexen Ausgangsfrequenzspektrum. Das komplexe Frequenzspektrum kann in Phasen- und Amplitudenspektrum zerlegt werden. Beim Amplitudenspektrum bietet sich die bezogene Darstellung an (siehe Kapitel 4).

Ist das zu berechnende Amplitudenspektrum bekannt, so kann geprüft werden, ob sich der jeweils gleiche spektrale Anteil bei Anregung mit Sinusspannung ergibt. Dazu dient der Nennlastversuch mit variabler Spannung und Frequenz.

Durch die jeweils ober- oder unterspannungsseitig durchgeführte Speisung soll ermittelt werden, ob das einen Einfluss (bei sonst gleichen Bedingungen) auf das Übertragungsverhalten des Wandlers hat.

Nach dem derzeitigen Kenntnisstand stellen bei den Versuchen teilweise eine oder mehrere Messgrößen redundante Informationen dar. Der Vollständigkeit halber werden diese miterfasst, um ein Fehlen dieser bei möglicher Änderung oder Ergänzung der Berechnungsgrundlage auszuschließen.

6   Zusammenfassung

Das 50-Hz-Modell eines Spannungswandlers gibt die Betriebsgrößen eines Spannungswandlers bei sinusförmiger Anregung wider. Die Zeigerbilder wesentlicher Belastungsfälle stellen den Zusammenhang von Strömen und Spannungen dar.

Eine geeignete Beschreibungsmöglichkeit des Übertragungsverhaltens von induktiven Spannungswandlern bei Anregung mit Sinusspannung kann durch die Vierpoltheorie bereitgestellt werden.

Sowohl die kontinuierliche als auch die diskrete Berechnung des komplexen Frequenzspektrums bei Anregung mit Stoßspannung geben Auskunft über das Amplitudenspektrum und das Phasenspektrum jener Stöße. In Hinblick auf die im Laborversuch zur Verfügung stehenden Betriebsmittel ist dabei die Betrachtung der diskreten Berechnungsmöglichkeit vorzuziehen. Eine kontinuierliche Berechnung von Fourier-Integralen ist nur mit Analogrechnern möglich. Diese Berechnungsmöglichkeit scheidet daher (vorerst) aus.

Abschließend werden Vorschläge zur Versuchsdurchführung angeboten. Hinweise zur Auswertung der Messergebnisse werden dargelegt.

# I	Abkürzungsverzeichnis

ESB	Ersatzschaltbild

FFT	Fast Fourier Transform (Schnelle Fourier-Transformation)

HS	Hochspannung(s-), Höchstspannung(s-)

MS	Mittelspannung(s-)

NS	Niederspannung(s-)

OS	Oberspannung, Oberspannungsseite

PTB	Physikalisch-Technische Bundesanstalt

TGL	Technische Normen, Gütevorschriften und Lieferbedingungen

(der ehem. DDR)

US	Unterspannung, Unterspannungsseite

II   Abbildungsverzeichnis

Bild	Bezeichnung	Seite
2.1	Zählpfeilsysteme	6
2.2	Zählpfeilsystem unter Berücksichtigung der Energieflussrichtung	7
2.3	Ersatzschaltbild eines Wandlers (oberspannungsbezogen)	11
2.4	Ersatzschaltbild eines Wandlers (unterspannungsbezogen)	13
2.5	Zeigerbild eines Spannungswandlers - Größenzusammenhänge	14
2.6	Spannungswandler im Leerlauf (ESB)	16
2.7	Spannungswandler im Leerlauf (Zeigerbild)	17
2.8	Spannungswandler im Kurzschluss (ESB)	18
2.9	Spannungswandler im Kurzschluss (Zeigerbild)	19
2.10	Zeigerbild des primärseitig bezogenen Belastungsversuchs	21
2.11	Zeigerbild des sekundärseitig bezogenen Belastungsversuchs	23
2.12	Erweitertes Ersatzschaltbild eines Spannungswandlers	25
3.1	Vierpol mit symmetrischem Pfeilsystem	28
3.2	Vierpolschaltzustände	32
3.3	Ausgangsseitig belasteter Vierpol	37
3.4	Der Wandler als Vierpol	39
4.1	Grundschaltungen zur Erzeugung von Stoßspannungen	44
4.2	Schaltstoßspannung 50/1000 im Zeitbereich (1)	48
4.3	Schaltstoßspannung 50/1000 im Zeitbereich (2)	49
4.4	Bezogenes Amplitudenspektrum der Schaltstoßspannung 50/1000	50
4.5	Phasenspektrum der Schaltstoßspannung 50/1000 (1)	51
4.6	Phasenspektrum der Schaltstoßspannung 50/1000 (2)	52
4.7:	Verlauf der diskreten Schaltstoßspannung 50/1000	54
4.8:	Amplitudenspektrum der diskreten Schaltstoßspannung 50/1000	55
4.9:	Phasenspektrum der diskreten Schaltstoßspannung 50/1000	56

5.1:   Versuchsaufbau OS-Speisung mit Sinusspannung   60

5.2:   Versuchsaufbau US-Speisung mit Sinusspannung   64

5.3:   Versuchsaufbau Stoßversuch   66

V.1   Aperiodische Blitzstoßspannung   76

V.2   Aperiodische Schaltstoßspannung   77

III   Tabellenverzeichnis

Tabelle	Bezeichnung	Seite
2.1	Fehlergrenzwerte der Spannungswandler für Messzwecke	9
2.2	Klemmenbezeichnungen für Spannungswandler nach DIN VDE	10
4.1	Schaltstoßformen in Anlehnung an TGL 20622	47

IV   Normen und Bestimmungen

DIN VDE 0414:	Bestimmungen für Messwandler
	(harmonisiert durch entsprechende DIN EN)
DIN VDE 0532:	Bestimmungen für Transformatoren und Drosselspulen
	(harmonisiert durch DIN EN 60076)
DIN IEC 60060-2:	Hochspannungs-Prüftechnik - Teil 2: Messsysteme
	(hervorgegangen aus DIN VDE 0432-2)
DIN EN 60060-3:	(VDE 0434-3) Hochspannungs-Prüftechnik – Teil 3:
	Begriffe und Anforderungen für Vor-Ort-Prüfungen

DIN 461	Graphische Darstellung in Koordinatensystemen
DIN 1302	Allgemeine mathematische Zeichen und Begriffe
DIN 1303	Vektoren, Matrizen, Tensoren
DIN 1333	Zahlenangaben
DIN 1313	Größen
DIN 5483	Zeitabhängige Größen
DIN 40148	Übertragungssysteme und Zweitore
DIN EN 60375	Vereinbarungen für Stromkreise und magnetische Kreise
DIN EN 80000	Größen und Einheiten

IV   Normen und Bestimmungen

Das VDE-Vorschriftenwerk umfasst folgende Publikationen[5]:

VDE-Bestimmungen: Sie stellen den allgemein anerkannten Stand der Technik dar und bilden zur Zeit ihrer Aufstellung einen Maßstab für einwandfreies Handeln.

VDE-Leitlinien: Sie enthalten sicherheitstechnische Festlegungen mit einem im Vergleich zu VDE-Bestimmungen wesentlich erweiterten Ermessensraum für eigenverantwortliches sicherheitstechnisches Handeln. VDE-Leitlinien spielen mit weniger als 1% der Anzahl der Publikationen im VDE-Vorschriftenwerk jedoch nur eine untergeordnete Rolle.

VDE-Vornormen: Sie sind die Ergebnisse von Normungsarbeiten, die wegen bestimmter Vorbehalte zum Inhalt oder wegen eines von VDE-Bestimmungen oder VDE-Leitlinien abweichenden Aufstellungsverfahrens oder mit Rücksicht auf die europäischen Rahmenbedingungen vom VDE nicht als solche gekennzeichnet werden. Eine VDE-Vornorm ist nach spätestens 3 Jahren, danach jährlich, zu überprüfen, ob sie nicht in eine Norm überführt werden kann.

VDE-Anwendungsregeln: Sie sind das Ergebnis von Standardisierungsarbeiten durch DKE-Arbeitsgremien oder anderen Gremien des VDE oder auch durch Übernahme veröffentlichter Arbeitsergebnisse von Institutionen außerhalb des VDE, das Festlegungen mit Empfehlungen für spezielle Anwendungsgebiete zusammenfasst.

Beiblätter: Beiblätter zu VDE-Bestimmungen oder VDE-Leitlinien enthalten Informationen, jedoch keine zusätzlichen Festlegungen mit normativem Charakter.

---

[5]   http://www.dke.de/de/Service/Fachgebietsuebergreifendes/Seiten/Was%20ist%20der%20Unterschied
%20zwischen%20VDE-Vorschriften%20VDE-Bestimmungen.aspx

V   Anhang

A1   Parameter der Blitzstoßspannung nach DIN EN 60060-3

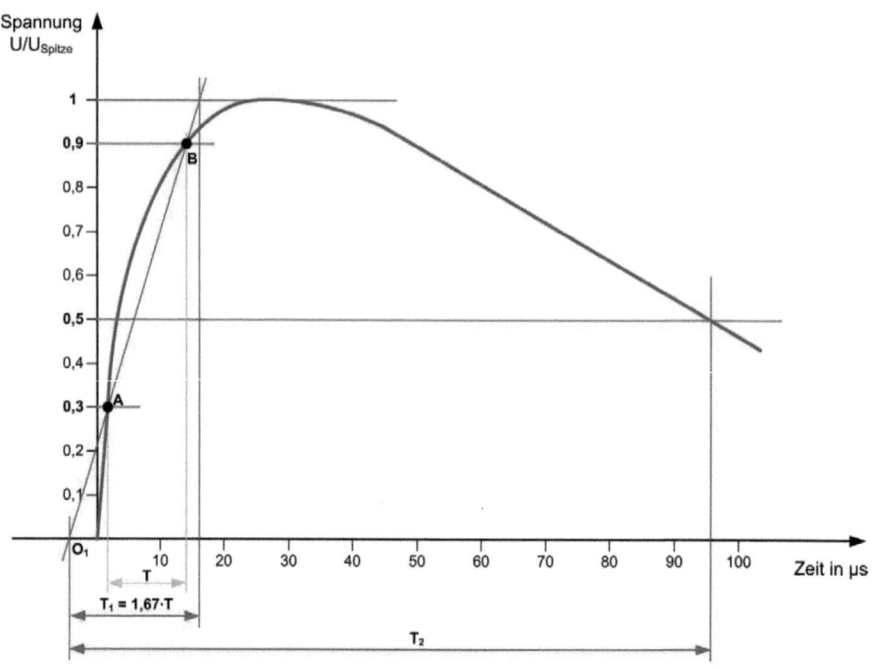

$T_1/T_2 = 20/100$

Bild V.1:   Aperiodische Blitzstoßspannung

Stirnzeit T_1 (0,8 .. 20 µs, ± 30 %):

Die Stirnzeit T_1 von aperiodischen Blitzstoßspannungen ist ein virtueller Parameter, der festgelegt ist als das 1,67-fache der Zeit zwischen den Punkten, an denen der Impuls 30 % und 90 % seines Scheitelwertes durchläuft.

Rückenhalbwertzeit T_2 (40 .. 100 µs, ± 20 %):

Die Rückenhalbwertzeit T_2 einer aperiodischen Blitzspannung ist ein virtueller Parameter, der festgelegt ist als der Zeitraum zwischen dem virtuellen Stoßbeginn O_1 und dem Punkt bei dem die Spannung auf die Hälfte des Scheitelwertes abgefallen ist.

virtueller Stoßbeginn O_1:

Der virtuelle Stoßbeginn O_1 einer Blitzstoßspannung ist der Punkt, der um $0{,}3 \cdot T_1$ vor dem Punkt liegt, an dem der Stoß 30 % des Scheitelwertes erreicht hat. In Diagrammen mit linearem Zeitmaßstab ist dies der Schnittpunkt der Zeitachse mit einer Geraden durch den 30 %- und 90 %-Punkt.

A2   Parameter der Schaltstoßspannung nach DIN EN 60060-3

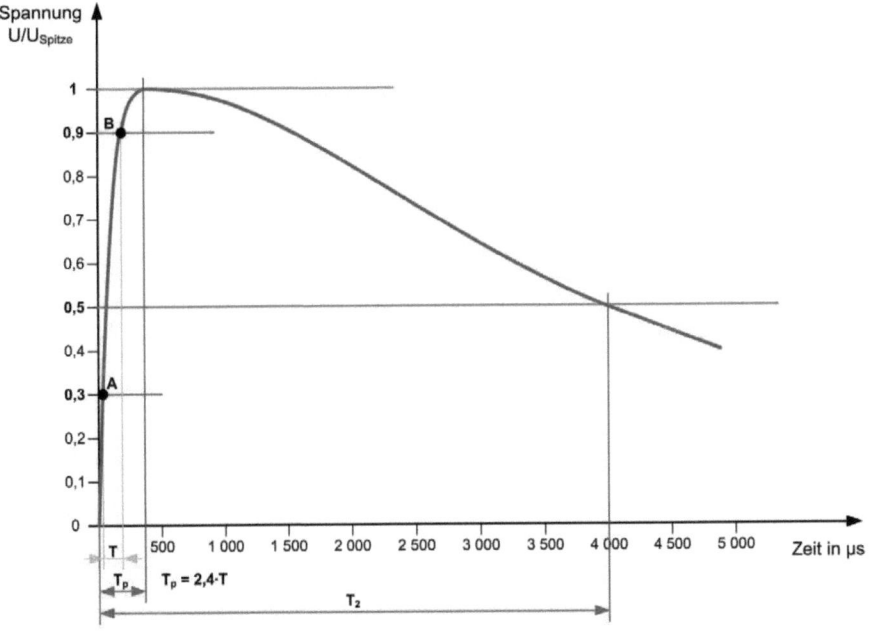

T_p/T_2 = 400/4 000

Bild V.2:   Aperiodische Schaltstoßspannung

Scheitelzeit T_p (20 .. 400 μs, ± 20 %):

Die Scheitelzeit T_p ist die Zeit zwischen dem tatsächlichen Beginn und dem Punkt, an dem der Impuls seinen Scheitelwert erreicht, festgelegt als das 2,4-fache der Zeit zwischen den Punkten, an denen der Impuls 30 % und 90 % seines Scheitelwertes durchläuft.

Rückenhalbwert zeit T_2 (1 .. 4 ms, ± 60 %):

Die Rückenhalbwertzeit T_2 einer aperiodischen Schaltstoßspannung ist ein Parameter, der festgelegt ist als der Zeitraum zwischen dem tatsächlichen Stoßbeginn und dem Punkt, bei dem die Spannung auf die Hälfte des Scheitelwertes abgefallen ist.

Grenzabweichung:

Der gemessene Wert der Prüfspannung (Blitzstoßspannung, Schaltstoßspannung) darf um nicht mehr als 5 % vom festgelegten Wert abweichen.

A3   Surge Generator VCS 500

Pulserzeugung

Ausgangsspannung:	160 – 4 000 V ± 10 %
Impulsform (Leerlauf):	1,2 / 50 μs
Ausgangsstrom:	2 000 A ± 10 %
Impulsform (Kurzschluss):	8 / 20 μs ± 20 %
Polarität:	+, -, alternierend

A4   Burst-Generator EFT 800

Prüflevel

Leerlauf:	$U = 1\,500\,V - 8\,000\,V + 0\,\% / -10\,\%$
Impulsform:	$5 / 50\,ns \pm 30\,\%$
Quellenimpedanz:	$Zq = 50\,\Omega \pm 20\,\%$
Polarität:	+,-

Literaturverzeichnis

[1]   H. Freitag: Einführung in die Zweitortheorie, B. G. Teubener, Stuttgart 1990[4].

[2]   Rolf Fischer: Elektrische Maschinen, Hanser-Verlag, München 2009[14].

[3]   Andreas Kremser: Elektrische Maschinen und Antriebe, Teubener-Verlag, Wiesbaden 2004[2].

[4]   Klaus Fuest, Peter Döring: Elektrische Maschinen und Antriebe, Vieweg-Verlag, Wiesbaden 2004[6].

[5]   Rolf Unbehauen: Grundlagen der Elektrotechnik 2: Einschwingvorgänge, Nichtlineare Netzwerke, Theoretische Erweiterungen, Springer-Verlag Berlin Heidelberg, 2000[5].

[6]   R. Bauer: Die Messwandler; Grundlagen, Anwendung und Prüfung, Springer-Verlag Berlin/Göttingen/Heidelberg, 1953.

[7]   Wilfried Weißgerber: Elektrotechnik für Ingenieure 3; Ausgleichsvorgänge, Fourieranalyse, Vierpoltheorie; Vieweg + Teubener, Wiesbaden 2009[7].

[8]   Tilo Gockel: Form der wissenschaftlichen Ausarbeitung; Studienarbeit, Diplomarbeit, Konferenzbeitrag; Springer-Verlag Berlin/Heidelberg, 2008.

[9]   Andreas Küchler: Hochspannungstechnik, Springer-Verlag, Berlin 2009[3].

[10] Hans-Dietrich Klabuhn: Zur Ermittlung des Übertragungsverhaltens induktiver Spannungswandler bei Verwendung eines pseudostochastischen Testsignals (Dissertation), Ingenieurhochschule Zittau, 1971.

[11] Jürgen Schlabbach: Elektroenergieversorgung, VDE Verlag GmbH, Berlin 2003[2].

[12] Günter G. Seip: Elektrische Installationstechnik; Teil 1: Energieversorgung und Verteilung, Siemens AG, Berlin 1993[3].